本书由华中科技大学研究生教育发展基金支持出版

研究生用书

机械科学与工程研究生教学用书

水液压传动技术

Water Hydraulic Power Transmission Technology

唐群国　编著　　李壮云　主审

华中科技大学出版社

http://www.hustp.com

中国·武汉

内 容 简 介

水液压传动技术是近二三十年来流体传动与控制研究领域的前沿研究方向之一,在国内外已经得到越来越多的应用。本书主要介绍水液压传动的发展背景、主要特点、研究中的关键技术问题、近年来作者及所在课题组和国内外的最新研究成果。内容主要包括:摩擦、磨损及润滑的基本原理,水润滑条件下材料的摩擦学特性,金属的腐蚀机理及耐海水腐蚀的金属材料,水液压泵、水液压马达和水液压控制阀等水液压元件的设计方法及设计实例,水液压系统维护及水的污染控制,水液压传动的应用实例等。

本书可作为流体传动与控制专业的研究生教学教材,也可供高年级本科生或相关工程技术人员参考。

图书在版编目(CIP)数据

水液压传动技术/唐群国　编著. —武汉:华中科技大学出版社,2013.11
ISBN 978-7-5609-8827-6

Ⅰ.水… Ⅱ.唐… Ⅲ.水压力-液压传动-研究生-教材 Ⅳ.TH137

中国版本图书馆 CIP 数据核字(2013)第 080539 号

水液压传动技术

唐群国　编著

策划编辑:万亚军
责任编辑:周忠强
封面设计:刘　卉
责任校对:李　琴
责任监印:张正林
出版发行:华中科技大学出版社(中国·武汉)
　　　　　武昌喻家山　邮编:430074　电话:(027)81321915
录　　排:武汉市洪山区佳年华文印部
印　　刷:湖北万隆印务有限公司
开　　本:710mm×1000mm　1/16
印　　张:10.75　插页:2
字　　数:208千字
版　　次:2013 年 11 月第 1 版第 1 次印刷
定　　价:25.00 元

序

　　今天,我国的教育正处在一个大发展的崭新时期,高等教育已跨入"大众化"阶段,蓬蓬勃勃,生机无限.在高等教育中,研究生教育的发展尤为迅速.党的十七大报告提出,要"努力造就世界一流科学家和科技领军人才,注重培养一线的创新人才",强调了在建设创新型国家中教育的优先发展地位.我们可以清楚地知道,研究生教育是培养创新人才的主渠道,对走自主创新道路,建设创新型国家,具有重要的战略意义.

　　前事不忘,后事之师.历史经验已一而再、再而三地证明:一个国家的富强,一个民族的繁荣,最根本的是要依靠自己,要以自力更生、自主创新为主.《国际歌》讲得十分深刻,世界上从来就没有什么救世主,只有依靠自己救自己.寄希望于别人,期美好于外援,只是一种幼稚的幻想.内因是发展的决定性的因素.当然,我们绝不应该也绝不可能采取"闭关锁国"、自我封闭、故步自封的方式来谋求发展,重犯历史错误.外因始终是发展的必要条件.改革开放三十年所取得的辉煌成就,谱写的中华民族历史性跨越的壮丽史诗,就是铁证.正因为如此,我们清醒看到了,自助者人助天助,只有独立自主,自强不息,走以自主创新为主的发展道路,才有可能在向世界开放中,争取到更多的朋友,争取到更多的支持,充分利用好外部的各种有利条件,来扎扎实实而又尽可能快地发展自己.这一切的关键就在于,我们要有数量与质量足够的高级专门人才,特别是拔尖创新人才.何况,在科技高速发展与高度发达,而知识经济已初见端倪的今天,更加如此.人才、高级专门人才、拔尖创新人才、领导人才,是我们一切事业发展的基础.

　　"工欲善其事,必先利其器."自古凡事皆然,教育也不例外.教学用书是培育人才的基本条件之一."巧妇难为无米之炊."特别是在今天,学科的交叉及其发展越来越多越快,人才的知识基础及其要求越来越广越高,因此,我一贯赞成与支持出版研究生教学用书,供研究生自己主动地选用.早在 1990 年,《机械

工程测试·信息·信号分析》出版时,我就为此书写了个"代序",其中提出:

一个研究生应该博览群书,博采百家,思路开阔,有所创见.但这不等于他在一切方面均能如此,有所不为才能有所为.如果一个研究生的主要兴趣与工作不在某一特定方面,他也可选择一本有关这一特定方面的书作为了解与学习这方面知识的参考;如果一个研究生的主要兴趣与工作在这一特定方面,他更应选择一本有关的书作为主要的学习用书,寻觅主要学习线索,并缘此展开,博览群书.

这就是我赞成要为研究生编写系列的《机械科学与工程研究生教学用书》的主要原因.今天,我仍然如此来看.

还应提及一点,在教育界有人讲,要教学生"做中学",这很有道理;但是,必须补充一句,"学中做".既要在实践中学习,又要在学习中实践,学习与实践紧密结合,方为全面.重要的是,结合的关键在于引导学生思考、积极独立思考.我一贯认为,要造就一个人才,学习是基础,思考是关键,实践是根本,三者必须结合,缺一不可.当然,学生的层次不同,结合的方式、深度与广度就应不同,思考的深度也应不同.对研究生特别是对博士研究生,就必须是而且也应是"研中学,学中研",就更须而且也更应是"研中思,思中研",在研究这一实践中,甚至可以讲,研与学通过思考就是一回事情了.正因为如此,《机械科学与工程研究生教学用书》就大有英雄用武之地,供学习之用,供研究之用,供思考之用.

在此,还应讲一点.作为一个研究生来读《机械科学与工程研究生教学用书》中的某书或其他有关的书,有的书要精读,有的书可泛读.因为知识是基础,有知识不一定有力量,没有知识就一定没有力量,千万千万不要轻视知识.但是,对研究生特别是博士研究生而言,最为重要的还不是知识本身这个形而下,而是以知识作为基础,努力来体悟知识所承载的思维、方法、原则与精神等内涵,体悟知识所蕴含的形而上,即《老子》所讲的不可道的"常道",即思维能力的提高,即精神境界的升华.《庄子·天道》讲得多么好:"书不过语.语之所贵者意也,意有所随.意之所随者,不可以言传也."这个"意",就是知识所承载的内涵,就是孔子所讲的"一以贯之"的"一",就是"道",就是形而上.它比语言、比书本、比具体的知识,重要多了.当然,要能体悟出形而上,一定要有足够数量的知识作为必不可缺的基础,一定要在读书去获得知识时,整体地读,重点地读,反复地读;整体地想,重点地想,反复地想.如同韩愈在《进学解》中所讲的那样,能"提其要","钩其玄",这样,就可驾驭知识,发展知识,创新知识,而不是为知识所驾驭,为知识所奴役,成为计算机存储装置.

《机械科学与工程研究生教学用书》是《研究生教学用书》的延续和发展.《研究生教学用书》自从 1990 年问世以来,到今年已经历了不平凡的 18 个春秋,已出版了用书 80 多种,有 5 种已被教育部研究生工作办公室列入向全国推荐的研究生教材,即现在的"教育部学位管理与研究生教育司推荐研究生教学用书".为了满足当前的研究生教育培养创新人才的要求,华中科技大学出版社在已出版的机械类研究生教学用书的基础上进一步拓展,在全国范围内约请一大批著名专家,力争组织最好的作者队伍,有计划地出版《机械科学与工程研究生教学用书》系列教材.

唐代大文豪李白讲得十分正确:"人非尧舜,谁能尽善?"我始终认为,金无足赤,人无完人,文无完文,书无完书.这套《机械科学与工程研究生教学用书》更不会例外.本套书出版后,这套书如何?某本书如何?这样的或那样的错误、不妥、疏忽或不足,必然会有.但是,我们又必须积极、及时、认真而不断地加以改进,与时俱进,奋发前进.我们衷心希望与真挚感谢读者与专家不吝指教,及时批评.当局者迷,兼听则明;"嘤其鸣矣,求其友声."这就是我们的肺腑之言.

当然,在这里,还应该深深感谢《机械科学与工程研究生教学用书》的作者、审阅者、组织者与出版者(华中科技大学出版社的编辑、校对及其全体同志);深深感谢对本套研究生教材的一切关心者与支持者,没有他们,就决不会有今天的《机械科学与工程研究生教学用书》.让我们共同努力,深入贯彻落实科学发展观,建设创新型国家,为培养数以千万计高级人才,特别是一大批拔尖创新人才、领导人才,完成历史赋予研究生教育的重大任务而作出应有的贡献.

谨为之序.

中国科学院院士
丛书主编 杨叔子

2008.9.14

(中秋节)

前　言

水液压传动是一门既古老又崭新的技术。近二三十年来,由于人类社会对环境保护、可持续发展、安全生产等方面的要求不断提高,水液压传动以其阻燃、绿色、清洁、节能等突出特点受到世界各国液压行业的瞩目,成为流体传动及控制领域的研究热点之一。

本书主要介绍水液压传动的相关基础理论知识、主要液压元件的设计方法、设计实例及代表性产品的结构特点。

本书是作者在近几年为研究生开设的"水液压传动技术基础"课程的基础上,经过对讲义的整理、补充、完善编写而成的,内容主要取材于作者所主持的国家863计划项目"深海作业全海水润滑液压泵关键技术研究及样机研制(2008AA09Z202)",以及作者所在课题组最近几年的研究成果,同时,也注意吸收了国内外有关研究的最新成果。对本书中所引用资料的原作者,作者表示诚挚的感谢。

本书的编写得到了华中科技大学研究生院的大力支持,同时也得到了课题组李壮云、朱玉泉、杨曙东、刘银水等全体同事,以及浙江大学周华教授、北京工业大学聂松林教授的热情帮助,李壮云教授对全书进行了认真审阅,研究生孙旭东、白宗、苏畅对书中部分插图进行了编辑,在此一并深表谢意。

作者还要特别感谢华中科技大学出版社对本书出版的支持与帮助。

由于水液压传动还是一门不断发展中的新技术,有关问题正在或尚待深入研究,加上作者学识水平有限,书中难免存在疏漏甚至错误,恳请读者批评指正。

作　者

2012 年 9 月

目　录

第1章 绪 论

1.1 水液压传动技术的研究背景及其特点

1.1.1 水液压传动技术兴起的背景

流体传动是与电气传动、机械传动并存的三种主要传动方式之一,具有功率密度高、容易控制、适于中短距离传动、布置灵活等特点,在现代工业、农业、国防等领域都有着广泛应用。

根据传递能量的介质不同,流体传动可分为液体传动和气体传动,而液体传动又分为液压传动和液力传动。作为液压传动的工作介质,液压油和难燃液体最为常见,且很长时间以来以液压油的使用最为广泛。

纯水液压传动是以经过过滤的、不添加任何辅助成分的天然淡水或海水作为能量转换、传递和控制介质的流体传动方式,是近二三十年来发展起来的一种绿色、安全的传动技术。

尽管目前纯水液压传动技术还是一个新的研究领域,但在二百多年前,取用方便且价廉的天然淡水已经是液压传动的主要工作介质。1795 年英国工程师Joseph Bramah 研制成功了第一台水压机,主要用于钢铁轧制和羊毛打包,被视为液压传动技术的开始。闻名世界的英国伦敦泰晤士桥的开启装置也是采用水压驱动控制的。然而,在随后的一百多年时间里,水液压传动技术发展非常缓慢,应用范围极为有限,这与当时科学技术整体发展水平较低有直接关系。水的黏度低、润滑性差,对一般金属材料有强烈的腐蚀性,受加工制造能力和材料研究水平的限制,早期液压传动的压力一般低于 10 MPa,液压泵转速低于 100 r/min,且容积效率低、可靠性差。后来,由于远距离电力传输技术的突破,电气传动得到普及,液压传动技术几乎陷入停滞不前的状态。

20 世纪初,随着石油开采和提炼技术的迅速发展,矿物油得到推广应用,由于它具有黏度大、润滑性好、对金属材料无腐蚀等优点,用于液压传动极大地提高了液压元件和系统的性能,同时,耐油橡胶的研制成功促进了密封技术的发展,使液压传动向高速、高压和大功率化发展成为可能,系统工作压力可达 50 MPa 甚至更高,泵的转速可达 4 000 r/min 以上,系统的功率增长了 1~2 个数量级。1906 年,美国 Williams 教授与 Janney 工程师研制成功第一台端面配流斜盘式轴向柱塞泵,并用于舰船火炮俯仰调节控制系统中。此后几十年,随着工业、农业和国防技术发展的需要,特别是在第一次世界大战和第二次世界大战期间,以液压油作为传动介质的液压传动技术得到突飞猛进的发展,各种液压元件的性能不断提高,并成功研制出先导式溢流阀、电液伺服阀等新型液压元件。油压传动的迅速发展,使本来就先天不足的水液压传动处于更少有人问津的境地,直到 20 世纪 80 年代之前,水液压传动的应用还主要限于重型锻压机、采矿机械及钢铁行业,而且所采用的介质也并非纯水,而是在水中添加了各种用以改善润滑性、防锈性和黏性等的添加剂。

然而,液压油取代水作为液压介质在使用过程中也存在诸多问题,主要表现在以下方面。

(1)液压油易燃易爆的特点限制了液压系统的使用范围 在高温、易燃易爆、安全性要求高的生产场所,如采矿、冶金、注塑等,若使用油压传动,一旦元件和系统发生泄漏或管路破裂失效,漏油将可能导致燃烧、爆炸等灾难性事故,同时,过高的环境温度会造成液压油黏度降低,使系统的性能降低。

(2)液压油的泄漏会造成严重的环境污染危害 尽管流体传动与控制领域一直致力于零泄漏液压传动研究,但密封和泄漏的矛盾在液压元件和系统中至今仍没有彻底解决,特别是随着液压传动技术向高压、大功率的方向发展,"跑冒滴漏"的问题将更加突出。另外,在安装及维修过程中也很难避免液压油的泄漏。泄漏不仅降低了系统的容积效率和控制性能,还造成资源的浪费和工作场地的污染,空气中的油蒸气也会危害工人的身体健康。液压油的泄漏或不经处理的随意排放,会对人类赖以生存的生态环境带来严重的污染。美国的一项研究表明,1 L 液压油会造成 1 000 000 L 水的污染,泄漏的油液还将危及周围动物和植物的生存。

(3)油压传动系统在使用中很难避免对产品的污染 污染会使产品的质量达不到要求、降低产品品质,甚至使产品成为废品。在一些对清洁卫生要求严格的行业,如食品、纺织、制药、造纸、化工等,油压传动往往被排除在应用范围之外。

(4)石油是一种不可再生的自然资源 随着人类工业化进程的加快,石油越来越成为一种战略性紧缺资源,油压传动对石油资源的依赖不符合当今人类社会可持续发展的要求,石油资源的日渐枯竭必将使油压传动陷入难以为继的困境。

(5)在原子能动力厂、核反应堆等存在辐射的场所,液压油中的大分子会因受到辐射而发生分解、裂变,造成黏性等物理性能降低,因此,油压传动不适合用于这些场合。

为了解决油压传动在冶金、采矿等场所使用时的安全问题,人们研制出了成本低、难燃或不燃的液压介质,按照介质的成分不同,分为合成型、油水乳化型和高水基型。合成型难燃液主要包括水-乙二醇、磷酸酯液和硅油,油水乳化型根据水与矿物油的组成比例分为水包油乳化液和油包水乳化液。

水-乙二醇液含有 35%～55% 的水,其余为乙二醇及各种添加剂,如增稠剂、抗磨剂、耐蚀剂等。水-乙二醇液凝点低(-50 ℃),黏度指数高(VI=130～170),使用温度范围为-18～65 ℃,但价格高、润滑性差。水-乙二醇会使许多普通油漆和涂料软化或脱落。

磷酸酯液为化学合成液,抗燃性好,使用温度范围宽(-54～135 ℃),抗氧化性和润滑性好。但其价格为液压油的 5～8 倍,且对人体有毒性,与多种密封材料(如丁腈橡胶和氯丁橡胶)的相容性很差。

乳化液是互不相溶的油和水混合而成的液体,其特征是一种液体以微细液滴的形式均匀分布在另一种液体内。其中,水包油乳化液含水 90%～95%,其余 5%～10% 为矿物油,以及各种添加剂,如乳化剂、防锈剂、助溶剂、防霉剂、抗泡剂等。水包油乳化液润滑性差、抗燃性好,广泛用于煤矿液压支架液压系统和水压机系统等需要防燃防爆的场所。

油包水乳化液则是以矿物油(约 60%)为主,其余 40% 为水和各类添加剂,其特点是润滑性、防锈性好,抗燃性较好,但使用温度一般不能高于 65℃。

高水基型难燃液并不含油,而是以水(约 95%)为主,另加约 5% 的各类添加剂,具有价格低、对环境污染小、抗燃性好等优点;但黏度低、润滑性差。

上述各种难燃液虽然降低了存储、运输成本,避免了高温环境下燃烧、爆炸的危险,但是与环境并不完全相容,会污染某些产品,如使纸张变色、食品变质等,因此,难以在食品机械、医疗器械、纺织机械、木材加工机械中使用。高水基型难燃液的各组分配比有严格的规定,使用中由于水的蒸发或外界水分的侵入都会影响介质的使用性能,使其容易变质,因此,在使用中的监测、更换等维护要求甚至比液压油还高。难燃液对环境也有危害,使用后同样不能随意排放,处理成本较高。

为了避免液压介质泄漏或排放对环境造成的污染,世界各国液压界一直在探索研制与环境相容的"绿色"液压介质,目前主要有三类:聚乙二醇(polyglycol)、植物油和合成脂(synthetic ester)。其主要特征是可以被生物降解,对生态环境无危害,但目前这些介质的生产成本很高,应用不多。

各类常见难燃液压介质的特性参数见表 1-1。

人类社会迈入 21 世纪后,经济发展与环境污染,资源短缺与可持续发展等问题日益突出。在此背景下,20 世纪 80 年代以来,古老的水液压传动技术重新吸引了人们的目光,同时,在经过了一百多年的发展之后,材料科学和机械制造科学的进步为发展现代水液压传动奠定了坚实的物质和技术基础。因此,水液压传动技术的发展并不是简单的回归,而是一次新的技术飞跃。

表 1-1　常见难燃液压介质的特性参数

类型	成　　分	水的质量分数/(%)	运动黏度/(mm²/s)	工作温度/℃
HFA-E	水包油乳化液*	<95	1	5~50
	水包油乳化液	<80	10,15,22,32,46	5~50
HAF-M	水包油微乳化液*	<95	1	5~50
HFA-S	合成液,不含油*	<95	1	5~50
HFB	油包水乳化液	<40	46,68,100	5~50
HFC	水-乙二醇,聚合物水溶液	35~80	22,32,46,68	-20~50
HFD-R	合成油,磷酸酯	0	15,22,32,46,68,100	-20~70
HFD-U	其他合成液,不含水	0	15,22,32,46,68,100	0~50

注:带"*"者为高水基型难燃液,运动黏度小于 5 mm²/s。

1.1.2　水液压传动的特点

与油压传动相比,水液压传动的特点主要体现在以下几个方面。

(1) 经济性　水液压传动采用的水,可以是自来水,也可以直接取自江河湖泊和海洋,只需按使用要求进行过滤,因此来源广泛、取用方便,可以说取之不尽,用之不竭,而且不需要加工提炼、运输和存储,使用后也不需要进行任何处理即可排放,使用成本较油压传动大为降低。通常,介质的购买成本与处理成本相近,水的购买和使用成本约为液压油的 1/5 000,对于钢铁、煤炭等采用大型液压系统的行业,若采用水液压传动,将节省大量液压油,经济和社会效益将十分可观。但由于水液压传动尚处于初期发展阶段,使用范围还很有限,且水液压元件的制造需要采用特殊材料。目前,它的加工制造成本大大高于同类的油压元件,但可以预见,随着水液压传动技术的发展完善和应用范围的日益扩大,其制造成本将会逐渐降低。

(2) 环保性　进入 21 世纪,人与自然和谐相处的发展观日益深入人心,人们的环保意识不断提高,油压传动对环境造成的危害也越来越引起人们的关注,因此,各国对液压油的排放都已经或即将制定严格的法律法规,要求生产企业承担生产过程中对环境带来的负担,除了缴纳环境税外,还必须回收生产过程中产生的对环境有害的物质,否则,将处以高额罚款。目前,我国也制定了"谁污染谁治理"、"谁污染谁缴费"的环境保护政策。水液压传动系统以水作为液压介质,不添加任何辅助成分,其泄漏不会对周围环境造成任何危害,因此,水液压传动将成为实现清洁生产、对环境零污染的绿色传动技术。

(3) 安全性　水本身是不燃的,它可以直接应用于高温、易燃易爆的场所。

(4) 卫生性 水液压传动在生产过程中不会对产品造成污染,因此可以应用于纺织、化工、食品加工、制药、海水淡化、水上娱乐、消防等设备,同时工人的操作环境也大为改善。

(5) 维护方便 对水液压元件和系统的日常维护、拆检、维修等工作都很方便,维护成本低。

(6) 应用于水下作业工具系统中的方便性 相关内容参见第8章。

(7) 黏度低 水的黏度低,黏度受温度、压力的影响小,因此,水液压传动系统的工作稳定性较油压传动好,控制性能好。

1.2 水的主要特性及水液压传动的关键技术问题

无论是系统的组成,还是液压元件的结构原理,水液压传动与油压传动都没有本质差别,然而对水液压传动技术的研究却困难得多,这主要是由于介质特性的差异。水、矿物油和乳化液主要物理性能的比较见表 1-2。

表 1-2 水、矿物油和乳化液主要物理性能的比较

介质种类	海水	淡水	矿物油	水包油乳化液
50 ℃时运动黏度/(mm²/s)	0.6	0.55	15~70	≈1
15 ℃时密度/(g/cm³)	1.025	1	0.87~0.9	≈1
50 ℃时汽化压力/Pa	12 200	12 000	0.001	10 000
体积弹性模量/(×10⁹N/m²)	2.43	2.4	1.0~1.6	2.5
20 ℃时热传导系数 /(W/(m·℃))	0.56	0.598	0.11~0.14	0.598
20 ℃时恒压下的比热容/(J/(kg·℃))	4 000	4 180	1 890	598
工作温度范围/℃	3~50	3~50	20~90	5~55
燃点/℃	—	—	320~360	—
闪点/℃	—	—	210	
声速(20 ℃时,m/s)	1 480	1 522	1 300	
电导率(25 ℃时,S/cm)	<1.0×10⁻³	0.053	10⁻¹³	—
表面张力(25 ℃时,N/m)	0.072	0.073	0.034	

由表 1-2 可以看到,水的黏度很低,仅为矿物油的 0.7%~3.6%。黏度低则流体内部及流体与固壁面间的黏性摩擦低,在同样条件下水液压传动系统中的流动能量损失大大降低,因此更利于远程动力传输。但黏度低也意味着润滑性差,高压

时极易造成两相对运动表面的直接接触,引起固体表面的摩擦磨损,降低元件的使用寿命。黏度低还使得通过元件缝隙的泄漏增大、流速加快,造成密封困难和容积效率降低,对过流表面容易造成侵蚀。

尽管常温常压下空气在水中的溶解度仅为2%,低于其在液压油中的溶解度(5%～12%),但水的汽化压力约为矿物油的10^7倍,而且水的汽化压力随水温升高增加很快,使得水液压传动中的气蚀问题更加突出,因此,水作为液压介质时的使用温度范围有限,一般为3～50 ℃。

水的体积弹性模量高于矿物油,能够减小液压泵中的闭死容积损失,并有利于提高控制精度,但会使水击现象变得更剧烈,由此导致管路和系统产生更强烈的振动噪声。

水的导热性能好、具有较高的热容,使水液压系统中的温升较低,降低了系统的散热要求。

水的黏度较稳定,受温度、压力影响很小,因此,水液压系统的控制特性受环境温度、系统发热的影响较小。

应该指出,水的各项性能指标与水源有一定的关系,即使对于自来水,其水质也会随地理位置及取用水源地的改变而变化。目前,对于自来水的水质标准,不同的国家和地区不尽相同,欧洲国家采用的是欧盟的饮用水标准(80/778/EEC,1980),国际上著名的水液压元件公司丹麦的Danfoss公司就以此作为水液压系统的介质标准,参见表1-3。水的以下参数也对液压元件和系统的性能有影响。

表 1-3　水的各项化学指标

指　　标	单　　位	取值范围
H^+浓度	pH 值	$6.5 \leqslant pH \leqslant 7.5$
氯化物浓度	mg/L	$\leqslant 25$
硬度	—	$5 \leqslant$硬度$\leqslant 10$
微生物含量	37 ℃/22 ℃(个/毫升)	10/100

(1)pH 值　即水中H^+的浓度。水对金属材料的腐蚀性与水的酸碱度有直接关系。

(2)Cl^-的浓度　水中Cl^-的浓度越高,水的腐蚀性就越强。

(3)Ca^{2+}和Mg^{2+}浓度　水温升高时,部分Ca^{2+}和Mg^{2+}会以化合物的形态沉积在管道或元件的表面,形成水垢。水垢积累过多时往往会增大水的流动阻力、堵塞过滤器或水液压元件中的细小阻尼孔。

(4)固体污染物　水中固体颗粒的浓度、尺寸、成分构成、硬度、形态等参数对元件过流表面和摩擦副表面的磨损影响较大。

（5）细菌和微生物的数量 微生物对水液压元件和系统的危害主要有两点：一是微生物在元件表面或壳体内附着滋生，将在表面形成一层生物膜，从而使材料遭受生物腐蚀；二是当微生物数量过多时，可能造成元件内一些细长孔或狭窄缝隙阻尼结构的堵塞。

概括起来，水液压传动研究中的关键技术问题如图 1-1 所示。

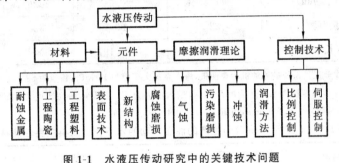

图 1-1 水液压传动研究中的关键技术问题

1.3 水液压传动技术发展概述

美国是世界海洋大国，很早就把发展海洋技术纳入社会发展总体规划。20 世纪 60 年代开始，美国在全球率先开展海水液压传动技术的研究。戴维·泰勒海洋船舶研究和发展中心（David W Taylor Naval Ship Research and Development Center）和美国海军土木工程实验室（Naval Civil Engineering Laboratory）等单位共同开展海水液压基础技术、海水液压元件及系统的研究，并于 90 年代后期成立了全国性的水液压传动委员会，负责组织协调美国水液压传动技术的研究、开发和应用。早期主要是解决海水液压元件关键摩擦副的材料选取问题。随着材料科学的发展，一些性能优良的高分子材料及工程陶瓷材料陆续出现，为高性能水液压元件的研制提供了条件。20 世纪 70 年代中期，美国海军司令部、海军舰船研究中心及海军土木工程实验室等单位为了拓展海洋开发和水下作业的深度，开始进行海水液压驱动的水下作业工具的研究。1973 年，美国海洋舰船研究和开发中心研制出容积式海水泵，用于 4 000 m 深载人潜水器埃尔文号（Alvin）的浮力调节。1980 年，研制成功单向叶片马达，压力为 7 MPa，转速为 1 600 r/min，总效率为 80%，工作寿命为 50 h。1984 年，研制出首套海水液压传动水下作业工具系统，压力为 14 MPa，流量为 30～45 L/min，作业工具有冲击扳手和旋转清洗刷。1988 年又研制出冲击钻、带锯、砂轮切割机等，组成多功能水下作业工具系统（MFTS），交付美国海军水下工程队使用。表 1-4 所示为美国海军土木工程实验室研制的海水液压水下作业工具主要参数。表 1-5 所示为美国 Steffen 公司生产的油压驱动的水下作业工具主要性能参数。

表 1-4　美国海军土木工程实验室研制的海水液压水下作业工具主要参数

参　　　数	旋转型冲击工具	旋转型圆盘工具	带　　锯	钻　岩　器
压力/MPa	5	8.4	5	10.5
流量/(L/min)	11.4	26.5	19~26.5	37.8~45.5
重量/磅	22	20	33	50
外形尺寸/(长×宽,mm)	406×267	483×191	635×280	521×394

　　注:① 该作业工具系统的原动机为柴油机,海水泵最大压力为 14 MPa,流量为 53 L/min;

　　② 该作业工具系统的海水马达为叶片马达,最大压力为 10.5 MPa,最高转速为 1 500 r/min,当 $n=$ 1 500 r/min 时,流量 $q=26.5$ L/min,扭矩 $T=1.56$ N·m。

表 1-5　美国 Steffen 公司生产的油压驱动的水下作业工具主要性能参数

工 具 类 型	输入压力/MPa	流量/(L/min)	最佳流量/(L/min)	质量/kg
破碎器 BR45	10.5~14	26~34	30	20
破石锤 CH18	10.5~14	26~34	30	11
切割锯 CO23	10.5~14	38~57	57	10.4
链锯 CS06	7~14	26~34	30	2.8
钻孔器 DL09	14	30(1 000 r/min 时)	—	2.7
金刚石链锯 DS11	14	45		11.8
砂轮机 GR29	7~17.6	15~38	38	6.8
冲击钻 HD45	10.5~14	26~34	30	20.4
冲击钻/扳手 ID04	5~14	15~45	15~34	3.5
套筒扳手 IW12	7~14	15~45	20~38	7.25
钻孔器 SK58	10.5~14	26~34	34	30

　　2002 年,美国普渡大学用水液压技术取代油压传动系统,对 Jacobson Green King Ⅵ 型割草机进行了改造。

　　1978 年,英国皇家海军委托英国国家工程实验室(NEL)开发海水液压驱动的水下作业工具,其后,Shell 与 Esso 石油公司又委托 NEL 继续进行这项研究。1987 年,英国 Fenner 公司成立 Scot-Tech 子公司,接替 NEL 继续进行海水液压传动技术的研究和产品开发,并于 1988 年研制成功压力为 14 MPa 的海水柱塞泵和压力为 10 MPa 的轴向柱塞式海水液压泵和海水液压马达,并成功应用于 400 m 深的水下作业工具和水下机器人上。20 世纪 90 年代,英国赫尔大学继续改进海水液压泵,并用于海底石油天然气开采装备中的海水液压动力系统。

　　在日本,由高校、液压件生产公司及应用单位组成全国性的水液压传动发展委员会,共同研究和发展水液压传动技术,研制出海水液压泵和各类海水液压控制阀,主要用于潜艇等潜水器中的浮力调节装置。1980 年,日本三菱重工株式会社研制出曲柄连杆型三柱塞海水液压泵,并用于 2 000 m 深潜调查船的浮力调节,泵的额定压力为 21 MPa,流量为 6.55 L/min。随后,又研制出超高压三柱塞海水液压泵,额定压力达到 63 MPa,最高压力为 75.5 MPa,流量为 4 L/min,应用于 2 000 m 深潜调查船的浮力调节。川崎重工株式会社几乎在同期也研制出超高压轴向柱塞海水泵,它的额定压力为 63 MPa,最高压力为 75.5 MPa,流量为 9 L/min,目的是用于 6 000 m 深潜调查船的浮力调节。1982 年又研制出流量为 6 L/min,额定压力为 68.5 MPa,最高压力为 82 MPa 的轴向柱塞式超高压海水泵。1991 年,日本小松和萱场等公司生产的海水液压元件和系统用于海水液压水下作业工具和水下机器人的驱动和控制。为了实现对水下机器人的操纵,日本还研制出了水液压伺服阀,额定压力为 21 MPa,流量为 4.5 L/min,最高响应频率为 200 Hz,流量精度为 ±1%。操纵控制的机械手臂部自由度为 7,手部自由度为 11,最大作用范围为 1 m,总质量为 18 kg,最大可搬质量为 5 kg,使用结果表明,水液压控制系统的位置控制精度高于油压驱动系统。

　　在西欧,已把海水液压传动技术列为 UREKA 新技术发展规划中的重点研究项目之一。1995 年,芬兰 Tampere 科技大学与 Hytar Oy 水液压公司合作研制出压力为 21 MPa,流量为 30 L/min 的新型轴向柱塞式海水液压泵和海水液压马达,后来又研制出比例流量控制阀。Tampere 科技大学还将水压技术用于石料厂石料装载车和木材厂的木材装载搬运车上。

　　德国 Hauhinco 机器制造公司生产的 EMP-3K 三柱塞泵,输出流量和压力从 8 L/min、80 MPa 到 700 L/min、15 MPa,功率可达 200 kW,使用的介质包括海水、淡水等各种低黏度液体。此外,该公司还研制出相应的控制阀件,目前,已用于焊接设备、压力成形设备和海水液压作业机械中。如用于海底管道修理系统(subsea pipeline repair system)的海水液压系统,在 150～180 m 深的海底,先后成功地完成了七次天然气管道的焊接作业。

　　1989 年,丹麦 Danfoss 液压设备公司与丹麦科技大学开始合作研制用于淡水的水液压元件,并在 1994 年成功研制出水润滑的端面配流轴向柱塞式液压泵和马达,在此基础上又研制出各种水液压控制元件,目前,该公司在水液压元件与系统领域的国际市场上占据了很大份额,现已研制出纯海水润滑的轴向柱塞液压泵。1999 年,在瑞典政府的支持下,垃圾处理部门、打包机生产厂联合丹麦 Danfoss 公司一起开发了水液压驱动的垃圾打包车。

　　我国在 20 世纪 90 年代开始研究水液压传动技术。1996 年,华中科技大学研制出国内第一台轴向柱塞式阀配流海水液压泵,额定工作压力为 3.5 MPa(最高6.3 MPa),最大流量为 100 L/min,最高吸入真空度为 0.05 MPa,容积效率为86%,总效率大于 74%,设计中采用了油水分离式结构。随后又研制出水润滑端面配流海水泵和海水马达的样机,并对海水液压控制阀(包括节流阀、溢流阀和方向阀等)也进行了许多关键基础技术研究,并研制出样机。在进行基础研究的同时,也对水液压系统在水下作业的工具系统及高压单向细水雾灭火系统中的应用进行了初步探索。

　　浙江大学在水液压传动技术的研究上也取得了很多成果,在阀口流动特性、气穴形成机理及抑制方法等理论研究方面进行了较深入的研究,并研制出水润滑端面配流轴向柱塞泵、溢流阀、节流阀等控制元件的样机。

　　此外,西南交通大学、昆明理工大学、武汉船舶设计研究院等高等院校及科研院所也对水液压传动进行了相关研究。

　　总体上,国内的研究仍处于基础理论分析和样机研制阶段,与国外的先进技术差距还较大,但相信在不久的将来,水液压传动这一新型绿色传动方式将在我国得到越来越多的应用。

　　图 1-2 所示为水液压传动与油压传动的应用发展过程示意图。

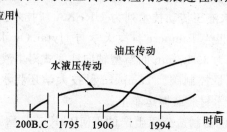

图 1-2　液压传动的应用发展过程

第 2 章 摩擦学基本原理

水的黏度低,润滑性很差,所以减小水润滑零件的摩擦磨损成为水液压传动技术研究必须逾越的障碍之一。正确选择摩擦副材料,合理进行润滑设计,是减小零件磨损、提高零件耐磨性的有效方法,这需要了解和掌握摩擦学的基本原理和规律。摩擦学已发展成为一门内容极其丰富的学科,限于篇幅,本章不作深入讨论,仅介绍其基本原理。

2.1 摩擦学及其研究内容

摩擦学是研究相互接触的、具有相对运动的两个固体表面之间的力学行为及其内在机理,并将有关知识应用于工程实践的一门学科。虽然直到 1965 年,英国科学家约斯特(H. Peter Jost)才首次提出"摩擦学(Tribology)"这一概念,但在人类历史上,人们很早就在自觉或不自觉地应用摩擦学的有关知识解决生产生活中的一些实际问题。

远古时代,人类就已经学会钻木取火。据考证,在旧石器时代发明的生火钻具中已经安装了用鹿角或骨头制成的轴承。而在意大利的尼米湖还曾发现一个推力球轴承,距今已两千多年。此外,人们很早就认识到滚动摩擦代替滑动摩擦可以减小运动的阻力,据《古史考》记载,大约在公元前 2600 年我国就有木车出现。同时,史书中也不乏利用润滑减小摩擦的事例记载,如《诗经·邶风·泉水》中写到:"载脂载辖,还车言迈",表明人们已经懂得通过在车轴中涂抹油脂来减小行进阻力的道理了。

另外,现存的许多古代建筑,大多雄伟而壮丽,在当时还没有现代工程机械的帮助,人们是如何凭借双手搬运、堆砌数吨重的石材的呢? 埃及现存的一副石雕所描述的劳动场景给了我们答案:大约在公元前 1880 年,古埃及人在搬运巨型雕像时,将雕像放到木制轨道上,并在轨道上喷洒水来润滑。历经数千年风雨,至今仍巍然屹立在我国西北大漠的嘉峪关,在建造中采用了大量长 2 m、宽 0.5 m、厚 0.3 m 的石条,这些石条是从远处的黑山开凿出来的。据传当年工匠们为运送石条,在冬季将水泼洒在路面上冻结成冰,然后再将石条一路拉到关城。我们在欣赏这些雄伟建筑的同时,不得不赞叹古代劳动人民在使用摩擦学知识方面的智慧。

随着生产实践和科学技术的发展,摩擦学的研究范围不断扩大,摩擦学知识对社会经济发展的重要作用也越来越多地为人们所认识。根据 Jost 在 1964 年的调查研究,通过摩擦学研究及其应用,可节约一个工业化国家 1‰左右的国民生产总值。换句话说,在机械产品中合理地应用摩擦学设计方法,可以有效地提高产品的性能,减少能耗,延长产品的使用寿命。

摩擦学研究几乎涉及所有领域。概括地说,摩擦学的研究内容主要包括摩擦、磨损、润滑及工程应用四个方面。由于发生在接触表面的摩擦磨损过程极其复杂,所以摩擦学研究涉及材料学、弹性力学、流体力学、化学、物理学等多门学科的知识,具有鲜明的交叉学科的特点。

科学技术的发展日新月异,摩擦学研究的手段也越来越先进。扫描隧道显微镜、原子力显微镜等微观探测仪器的出现,为从微观角度研究摩擦磨损行为的内在机理提供了可能,并由此分化出了微米摩擦学、纳米摩擦学等新的摩擦学分支。今天,人们对摩擦学的认识已经从宏观层面进入到微观层面,从定性研究发展到了定量研究,从静态分析延伸到了动态分析。

2.2　材料的表面特征

摩擦是两个相互接触的物体在外力作用下,发生相对运动或具有相对运动趋势时,在物体表面产生切向阻力的物理现象;磨损是摩擦的结果,是表面材料在摩擦过程中从物体表面脱离的现象。由于摩擦磨损是发生在零件表面的一种现象,因此,零件表面的形貌特征、物理性能等对零件之间的实际接触状态、摩擦磨损特征、润滑性能等都有直接影响。

2.2.1　零件表层的结构特征

经过加工的零件表面与其理想几何形状之间总是存在差别的,这种差别一般通过零件的形状精度和表面粗糙度来度量。除了零件表面的几何偏差外,固体的表面及其次表面往往具有不同于材料内部的物理化学特性,如图 2-1 所示。零件的表层从外到内依次为污染层、气体吸附层、氧化层、硬化层(包括贝氏层、变形层等)。

表面的吸附层分为物理吸附层和化学吸附层。物理吸附和化学吸附的差别是前者在表层材料分子与被吸附物分子之间起主要作用的是范德华力,而后者则发生了电子交换。所以物理吸附的强度较弱,被吸附的分子在受热或剪切力作用时容易从表面脱落,而化学吸附的强度要大得多。

暴露在大气环境中的零件表面一般都会因为物理或化学吸附作用形成由氧气、水蒸气、碳氢化合物、灰尘等构成的吸附膜,偶尔还会形成油脂或润滑油膜。大

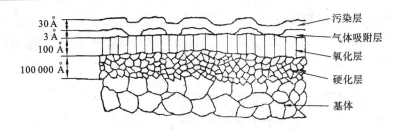

图 2-1　固体的表层结构模型

多数金属、合金及部分非金属材料在空气中会发生表面的氧化,在某些环境中甚至发生化学反应形成氮化层、氯化层、硫化层。表面吸附或化学反应膜会显著改变材料的摩擦特性,与洁净的表面相比,存在吸附膜或反应膜的表面能使摩擦系数下降一个或几个数量级。零件材料表面的吸附特性与材料表面的自由能和表面张力有关,摩擦过程或加工过程中的表面热影响常会促进表面的氧化过程。

加工硬化层也称变形层,材料在机械加工过程中表层会产生塑性变形或高应变,残余应力释放后将影响材料的稳定性。变形层的厚度与加工方法、材料性能及切削力的大小有关,轻度变形层厚度一般为 $1\sim10~\mu m$,重度变形层厚度可达 $100~\mu m$。贝氏层是金属或合金在加工过程中形成的非晶或微晶结构组织,是材料熔化和表面产生流动后,由于骤然冷却形成的淬火硬化层。贝氏层的典型厚度为 $1\sim100~nm$。

2.2.2　表面粗糙度

零件的表面形貌与加工方法有关,描述表面形貌的参数除了表面粗糙度外,还有波纹度、纹理方向等。其中波纹度和纹理方向是两个宏观尺度上的参数,波纹度由较大波长的表面起伏形成,包括间距大于粗糙度取样长度、小于波纹度取样长度的所有表面几何形状的不规则性。

正如我们所熟知的一样,肉眼看上去光滑平整的表面,在显微镜下观察时仍呈现出层峦叠嶂的形貌。表面粗糙度对于零件的实际接触状态、接触应力、润滑状态、磨损过程等都有很大的影响。

度量表面粗糙度最常采用的是一维参数,随着测量技术的发展和新型测量仪器的出现,目前也可以获得表面粗糙度的二维参数和三维参数,相对一维参数,二维及三维参数对表面粗糙度的描述更为全面客观。一维表面粗糙度参数通过表面轮廓上的峰谷在高度方向的有关量来度量,常用的有:轮廓算术平均偏差 Ra、微观不平度十点平均高度 Rz、轮廓均方根偏差 Rq。关于这些参数的定义及计算方法可参见有关书籍,此处从略。

一维表面粗糙度参数仅反映了表面在某一方向上的轮廓特征,其包含的表面形貌信息量有限,有些情况下,对于各向异性的表面,沿不同的方向测量时结果存在很大差别。一维参数没有给出表面上微观峰谷的斜度、形状及出现频率等特征，以至于表面形貌差别很大的两个表面，测得的一维表面粗糙度参数可能相近，甚至相等，如图 2-2 所示。

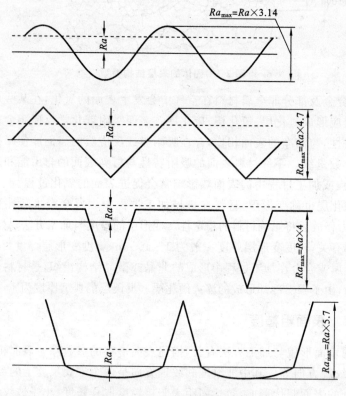

图 2-2　相同 Ra 值时不同的表面形貌

为弥补一维参数的不足，可以增加在水平方向的参数和二维参数，常用的参数如下。

1）轮廓单峰平均间距 S

如图 2-3 所示，轮廓单峰平均间距是指在取样长度 l 内轮廓的单峰间距 P_i 的平均值，即

$$S = \frac{1}{n} \sum_{i=1}^{n} P_i \tag{2-1}$$

2）轮廓支承长度率 t_P

如图 2-4 所示，轮廓支承长度率是在取样长度 l 内，用一平行于轮廓中线的直线与轮廓相交，得到的各个微峰在线上的截线长度之和与取样长度之比。显然，截线的位置不同，获得的比值也不同，图 2-4 中 P_1、P_2、P_3……为轮廓最高峰点至截

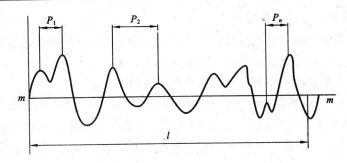

图 2-3　轮廓单峰平均间距

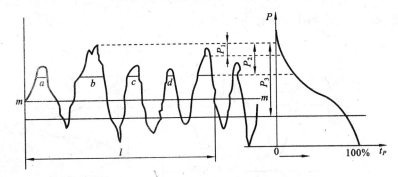

图 2-4　轮廓支承长度率曲线

线间的距离,轮廓支承长度率为

$$t_P = \frac{a+b+c+\cdots}{l} \times 100\%$$ (2-2)

3)轮廓微观不平度的平均间距 S_m

如图 2-5 所示,轮廓微观不平度的平均间距是指在取样长度 l 内,轮廓在中线 mm 上间距 P_{mi} 的算术平均值,即

$$S_m = \frac{1}{n} \sum_{i=1}^{n} P_{mi}$$ (2-3)

式中,P_{mi} 为相邻的峰谷在中线上的截长。

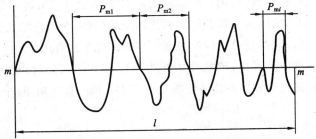

图 2-5　轮廓微观不平度的平均间距

4）表面粗糙度的统计参数

统计参数由于能更好地反映随机变量的分布特征，所以用于表面粗糙度的描述也比采用单一形貌参数的描述方法更为科学合理。

确定轮廓粗糙度概率密度分布函数的方法如下。

如图 2-6 所示，直线 mm 为轮廓的平均高度线，轮廓上各点与 mm 线的距离为 y。在任意高度 y 处作平行于 mm 的平行线，计算轮廓与之相交得到的截线长度之和 $\sum l_i$，注意在中线以上的截线取轮廓相邻峰 - 峰之间的截线，在中线之下取相邻谷 - 谷之间的截线。由此得到 $\sum l_i / l$，并得到 y 与 $\sum l_i / l$ 之间的关系曲线，此曲线即为轮廓高度的概率密度分布曲线。

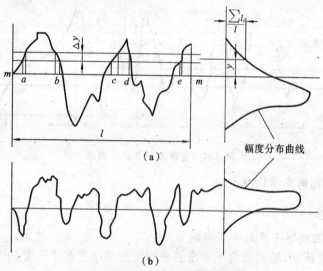

图 2-6　不同轮廓的幅度分布曲线

一般通过切削加工的表面具有高斯分布的概率密度函数。

5）表面轮廓的自相关函数

在分析表面形貌参数时，抽样间隔的大小对于绘制概率密度函数曲线有很大影响，为了表达相邻轮廓的关系和轮廓曲线的变化趋势，引用自相关函数 $R(l)$，它也是一个统计参数，该函数对于研究表面形貌的变化非常有用。

对于一条轮廓曲线来说，取轮廓中线为坐标系 x 轴，它的自相关函数是各点的轮廓高度与距该点一固定间距 l 处的轮廓高度乘积的数学期望（平均）值，即

$$R(l) = E[y(x) \cdot y(x+l)] \tag{2-4}$$

式中，E 表示数学期望。

如果在取样长度 l 内的测量点数为 n，各测量点的坐标为 x_i，则 $R(l)$ 为

$$R(l) = \frac{1}{n-1} \sum_{i=1}^{n-1} y(x_i) \cdot y(x_i + l)$$

当所取点数 n 为无穷大时,上式可表示为积分形式

$$R(l) = \lim_{L \to \infty} \frac{1}{L} \int_{-L/2}^{+L/2} y(x) \cdot y(x + l) \mathrm{d}x$$

图 2-7 所示为典型的轮廓概率密度分布曲线及其自相关函数。

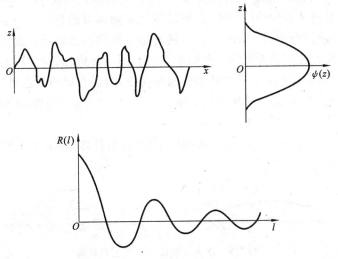

图 2-7　典型自相关函数

6) 三维粗糙度参数

　　除了在 x、y 方向给出粗糙度参数外,如果再给出沿 z 方向的粗糙度信息,将获得关于轮廓形貌的三维描述,如图 2-8 所示,通过三维粗糙度图可以直观地看到表面纹理情况。对于某些摩擦学问题,如部分弹流润滑的分析,将会涉及接触表面的表面纹理模型。

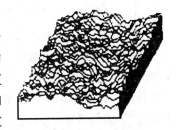

图 2-8　三维粗糙度

2.2.3　界面自由能

　　固体表面自由能存在的物理机理类似于液体表面张力的形成机理。以固体与气体的接触界面为例分析,固体表面上的分子与远离表面的固体内部分子处于不同的受力状态,内部分子受到周围其他同类分子的引力和排斥力的共同作用,处于平衡状态,表面上的分子靠近材料内部的一侧受到同类分子的作用力,而与气体接触的一侧受气体分子的作用力,由于气体分子的作用力小于材料分子的作用力,故表面分子受力不平衡,总体上受到一指向材料内部的拉力。要将一个分子从材料

内部移到表面上,必须克服这一拉力对分子所做的功。根据功能原理,对分子做的功转换为分子的势能。表面势能的总和称为固体与气体接触时固体界面的自由能。如果固体处于真空环境,则称为表面自由能。

2.2.4　固体表面的润湿性及润湿角

液体与固体表面接触时,由于受表面张力和固体对它的吸附力的作用,液体在固体表面上既有体积收缩的趋势,又有沿固体表面铺展的趋势。当表面张力大于吸附力时,液滴趋向于成为球状;反之,液滴呈扁平的凸透镜状。液体在固体表面上的铺展特性称为液体对固体表面的润湿性。同一种液体,对不同的固体材料有不同的润湿性,如水在洁净的玻璃表面润湿性很好,而在聚四氟乙烯(PTFE)表面则很差;不同的液体,对同种固体的润湿性也不同,如同样对玻璃,水银的润湿性与水相比就很差。

通常,采用润湿角(或称接触角)描述润湿性的好坏,如图 2-9 所示,θ 即为润湿角。

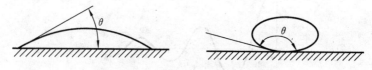

图 2-9　水在不同固体表面上的状态

2.3　表面的接触状态

当两个固体表面接触时,由于表面并非理想的光滑状态,接触实际发生在表面的微凸峰之间,即形成大量的面积很小的局部接触,而在接触点附近两表面之间并不接触,存在 10 nm 以上的间隙,因此,真实的接触面积远远低于名义接触面积,实验表明,实际接触面积仅为名义接触面积的千分之几到万分之几。由此可知,即使作用在接触面上的载荷很小,在这些局部接触点上的应力也将很大。在其他条件不变时,实际接触面积将随表面所受载荷的增加而增加,一方面在接触点上应力增大引起弹塑性变形增加,另一方面,随着接触点的变形,表面微凸峰高度下降,会有更多的高度较小的微凸峰进入接触。

2.4　摩擦机理

人们很早就对摩擦规律及其成因进行了研究。欧洲文艺复兴时期,达·芬奇(Da Vinci)最先提出了摩擦的科学定义,并首次提出了摩擦系数的概念。他认为,摩擦力与物体受到的正压力成正比,可惜他的发现在随后的一百多年里并未正式出版,直到 1699 年法国物理学家阿蒙顿(Amonton)再次研究两平面间的干摩擦并发现类似的摩擦规律,这就是我们熟知并广为使用的摩擦定理:摩擦力与正压力成正比,摩擦力的大小与名义接触面积无关。法国物理学家库仑(Cloumb)后来对此定理加以修正,增加了一条描述:滑动摩擦力与速度无关。

应该注意的是,摩擦定律对于大多数工程问题是近似适用的,可以用来近似计算摩擦力的大小,但存在一些例外的情况,如对于橡胶这样的黏弹性材料,其摩擦系数与滑动速度有一定的关系。

关于摩擦的形成机理,尽管目前尚没有为人们普遍接受的统一认识,但有几种理论得到了人们的认可,其理论的合理性也得到了实验的验证。

1) 机械啮合理论

既然物体的表面存在凹凸不平的峰谷,固体的接触发生在表面的微峰处,那么,当两表面在法向力的作用下接触并相对运动时,一个固体表面的微峰就会与另一固体表面的凹谷形成啮合,就像一对齿轮的啮合过程一样,会在啮合面上产生沿切向的作用力,全部作用力之和在与相对运动方向相反方向上的分力就是该物体所受到的摩擦力。1737 年,贝利多(Belidor)用一组刚性半球形成的粗糙表面模拟摩擦表面的滑动接触,并通过力学分析得到摩擦系数约为 0.33,实际上该模型并没有反映半球的真实接触状态,因为两个半球面在接触过程中不可能是完全刚性的,必然存在弹性变形。

2) 机械犁耕理论

当硬度差别较大的两个表面发生相对运动时,在压力的作用下,硬度大的表面上的微峰会对较软表面产生切削、犁耕作用,在该过程中较软材料发生塑性变形,从而产生切向阻力,即摩擦力,如图 2-10 所示。

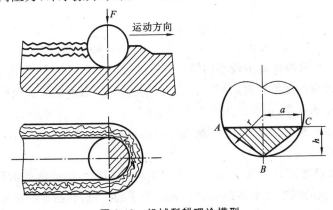

图 2-10　机械犁耕理论模型

机械啮合及机械犁耕理论能较好地解释某些摩擦现象,如越粗糙的表面摩擦力也越大。但也存在一些机械犁耕理论无法自圆其说的实例,如在干摩擦下,当两个零件的表面粗糙度降低到一定程度后,如果进一步降低粗糙度,摩擦系数不仅不会减小,反而会增加。对于这个现象,采用下面的分子作用理论则可以获得合理的解释。

3) 分子作用理论

1929年汤姆林逊(Tomlinson)提出了分子作用理论,他认为摩擦是由分子之间的作用力引起的。分子之间的作用力即范德华力,包括分子之间的吸引力和排斥力,其中,排斥力只有当分子间距在极小的范围内才会表现出来,而吸引力的最大值则作用在这一范围之外。在两个相互接触的摩擦面上,接触点上存在分子间的作用力,并由此产生切向摩擦力。

4) 黏着摩擦理论

鲍登(Bowden)和泰博(Tabor)在1938—1945年间,通过实验研究了摩擦面之间的实际接触面积及接触点上的温度,认为在高应力作用下,微峰接触点上产生了黏着点,两表面发生相对运动时首先需要将黏结点剪断,由此需要的切向作用力大小等于摩擦力 F,有

$$F=\tau_b A_r \qquad ①$$

式中: τ_b——黏结点的剪切强度;

A_r——实际接触面积。

因为 A_r 很小,在黏结点上很容易达到材料的屈服强度 σ_s,则实际接触面积与法向作用力之间的关系有

$$A_r=\frac{N}{\sigma_s} \qquad ②$$

由①、②两式得摩擦系数为

$$f=\frac{F}{N}=\frac{\tau_b}{\sigma_s} \qquad (2\text{-}5)$$

其中, σ_s 和 τ_b 均取两材料中较小的值。

黏着摩擦理论能够合理解释摩擦力大小与名义接触面积无关及摩擦力大小与法向力成正比的规律,但在应用中存在以下问题。

(1) 黏着摩擦理论认为,摩擦系数与表面粗糙度无关,这显然有悖常识,且与实验结果不符。

(2) 黏着摩擦理论是基于黏结点处发生材料互相溶解渗透的假设,但在很多情况下,黏结点的温度并不足以引起金属间原子的扩散,黏结点的黏着力并不大。

(3) 既然黏着点处发生了材料之间的熔合渗透,这种类似焊接点的黏着点在

去除法向作用力后应该得以保持,但实际上在去除外力后,很难测出黏着力。事实上,正如前面提到的,接触点处不仅有塑性变形,也有弹性变形,去除外力后,弹性变形自然消失,从而破坏大部分黏结点。

（4）诸如陶瓷等脆性非金属材料,由于抗压强度极高,塑性变形微乎其微,根据黏着摩擦理论摩擦力应很小才对,但这类材料的摩擦性能与金属的相似。

5）机械-分子联合作用摩擦理论

机械-分子联合作用摩擦理论由前苏联学者克拉尔盖斯基（KPAFEJIbCKHH. H. B)提出,他认为,滑动摩擦力是机械啮合和接触面间分子作用的综合结果,因此摩擦力应为

$$F = \tau_f A_f + \tau_j A_j \qquad (2-6)$$

式中：τ_f,τ_j——单位面积上的分子作用力和机械作用力;

　　A_f,A_j——分子作用和机械作用的面积。

通过机械-分子联合作用模型得到的摩擦力与边界润滑条件下的摩擦力实验结果具有很高的一致性。

上述几种理论都有其合理的一面,同时也存在应用上的局限性。由于影响摩擦的因素很多,如材料配对副、表面状态、运动速度、载荷大小及加载速度、润滑条件、环境温度、气氛等,因此,简单地谈一种材料摩擦系数的高低是没有实际意义的,摩擦系数应视为与以上众多因素相关的一个系统概念。

2.5　磨损机理

磨损是指在摩擦过程中固体表面发生损伤、材料从表面不断脱落的物理现象。摩擦会造成能量损耗、机械传动效率降低及接触表面发热等影响,而磨损则直接降低零件表面的尺寸及几何形状精度,使零件工作性能下降甚至失效。据统计,60%～80%的零件失效与磨损有关,远高于疲劳断裂和腐蚀造成的失效。

关于磨损的成因,目前主要有四种不同的理论：黏着磨损、磨粒磨损、疲劳磨损和腐蚀磨损。与摩擦系数一样,磨损也不是材料的固有属性,而与摩擦系统密切相关。磨损的机理与摩擦学系统有关系,在一定条件下往往有一两种起决定作用的磨损机理,但通常是多种磨损形式并存,而且一种磨损往往会引起另一种磨损,如：疲劳磨损产生的磨粒将进一步导致磨粒磨损;磨粒磨损使金属表面氧化膜破坏,暴露出新的表面,在腐蚀性介质作用下会导致进一步腐蚀磨损。

尽管磨损是摩擦的结果,但二者并非成线性关系,摩擦系数大的表面磨损量未必就高。如聚合物材料一般具有自润滑性,摩擦系数较低,但与金属材料相比磨损量却较大,相比之下,工程陶瓷表面摩擦系数较大,但非常耐磨。

1) 黏着磨损

黏着磨损的形成与黏着摩擦有关,即在两滑动表面之间的接触点上产生了两种材料之间的熔合,熔合处有两材料分子之间的相互作用。因此,黏着磨损发生的基本条件是:两表面发生了直接接触,在工程应用中一般伴随着润滑的失效。换言之,当两表面之间存在润滑介质,且其润滑膜的最小厚度大于两表面的当量粗糙度时,理论上黏着磨损是可以避免的,即不发生黏着磨损的润滑膜最小厚度应满足

$$h_{\min} \geqslant \sqrt{\sigma_1^2 + \sigma_2^2} \qquad (2\text{-}7)$$

式中:σ_1、σ_2——两表面的粗糙度。

式(2-7)经常用于润滑设计。

图 2-11 说明了黏着磨损的发展过程。图 2-11(a)表示两表面存在局部的微峰接触,在近表层中存在微裂纹、夹杂等组织缺陷,当发生相对滑动时,由于受切向摩擦力作用,在接触点处的材料发生沿摩擦力方向的塑性变形。图 2-11(b)表示表层中的缺陷扩展,并在某些接触点上发生材料的黏着。图 2-11(c)表示由于微观缺陷处存在应力集中,黏结点从较软的材料上脱离,转移到了对偶表面上(见图 2-11(d))。

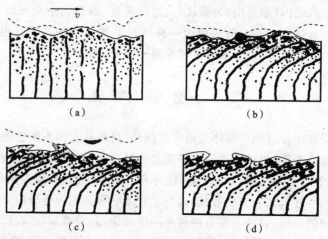

图 2-11　黏着磨损的发展过程

图 2-12 所示为轴向柱塞泵的回程盘表面由于黏着磨损出现的黏铜现象。图中,回程盘材料为 40Cr,经淬火处理,黏附的铜是从铝青铜中心球铰转移而来的。黏着磨损在液压泵的许多摩擦副中都存在,是一种主要的磨损形式。

虽然黏着点更多的是从较软材料表面脱落,但也不排除从较硬材料表面剪断脱落的可能,在这种情况下,一般是由于在表层中存在微裂纹等缺陷而引起的局部剥落。根据黏着磨损发生的条件,通常分为高温黏着和低温黏着两种情况。

高温黏着易发生在存在较高瞬时温度的接触
点,当表面的摩擦功耗较高时易发生。由于高温作
用,接触点处熔点较低的金属发生软化甚至熔化,
从而转移到对偶表面。对于金属材料,表层的金相
组织和化学成分均有明显的变化,变化主要是由接
触点瞬时温升、塑性变形等共同作用引起的。

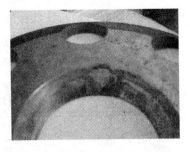

图 2-12　回程盘上的黏铜现象

低温黏着磨损一般发生在滑动速度较低、表面
温度在 $100\sim150$ ℃、负载较高的条件下。在高压
力的作用下,接触点上发生冷焊,由于塑性变形和冷作硬化的作用,黏结点强度高
于摩擦副中较软材料的强度,因此在相对运动时,软材料从基体上被撕脱。材料发
生低温黏着时,其表面组织结构及化学成分不会发生变化。

图 2-13 分别给出了高温及低温黏着磨损后材料的表层成分沿深度方向的变
化情况。

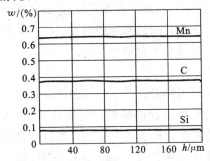
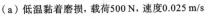
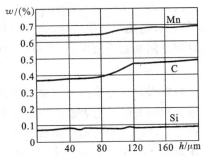

　(a) 低温黏着磨损,载荷500 N,速度0.025 m/s　　　(b) 高温黏着磨损,载荷500 N,速度4 m/s

图 2-13　45 钢黏着磨损后表层 Mn、C、Si 含量的变化

在干摩擦条件下,黏着磨损一般遵循以下规律:

(1) 磨损量与法向载荷 N 及滑动距离 s 成正比;

(2) 磨损量与较软材料的屈服强度 σ_s 或硬度成反比。

材料的体积磨损量 V 可通过下式计算

$$V=C\frac{Ns}{\sigma_s} \tag{2-8}$$

式中:C——无量纲的常数,与材料及其表面清洁度有关。

1953 年,阿查德(Achard)通过理论模型对上式进行了证明。

在影响黏着磨损的各种因素中,材料的组合方式影响很大。同样的条件下,同
一材料与不同的材料组配发生黏着磨损的倾向或程度存在很大差别。一般地,如
果两种材料的冶金相溶性好,则易发生黏着磨损;反之,就不容易发生黏着磨损。

例如,铅、锡、铜、铟与铁的相溶性差,故在轴承合金中常添加这四种成分,以提高耐磨性。表 2-1 列出了不同材料配对副在不同的润滑条件下的磨损系数,可见,两种材料在结构组织上的差别越大,即冶金相溶性越差,磨损系数越小。此外,润滑条件也显著地影响磨损系数。

表 2-1　不同材料配对副在不同润滑条件下的磨损系数 k

润滑条件	金属与金属配对副的 $k(\times 10^{-6})$		金属与非金属配对副的 $k(\times 10^{-6})$
	同种金属	异种金属	
无润滑	1 500	15~500	1.5
不良润滑	300	3~100	1.5
一般润滑	30	0.3~10	0.3
良好润滑	1	0.03~0.3	0.03

金属的组织结构也是影响黏着磨损的因素之一,研究发现,多相金属比单相金属、金属化合物比单相固溶体、脆性材料比塑性材料的抗黏着磨损性能好。不同类别的材料之间的黏着倾向小,如金属与陶瓷、金属与聚合物材料等。

2) 磨粒磨损

磨粒磨损是指摩擦面上的微凸峰或游离的固体颗粒对零件表面的微切削及刮擦作用引起的磨损。由表面上的微峰引起的对偶表面的磨损称为两体磨损,由处于接触面间的游离磨粒引起的磨损称为三体磨损。机械加工中的研磨过程是典型的三体磨损。流体机械中零件表面受到流体中磨粒的磨损属于两体磨损,但在很多地方称之为冲蚀磨损。

磨粒磨损是最为普遍的磨损形式。据统计,生产中因为磨粒磨损造成的零件失效等损失占全部磨损损失的近一半。

关于磨粒磨损的机理,有三种普遍为人们所接受的假说。

(1) 微切削假说　这种假说认为,磨粒在压力作用下与表面接触,在发生相对移动的过程中,磨粒尖峰对表面有切削作用,如同机械切削加工的过程。

(2) 疲劳假说　这种假说认为,磨粒对表面的反复挤压,导致表层受到很高的循环应力作用最终疲劳脱落。

(3) 擦痕和塑性变形假说　磨粒在较软的表面产生犁耕作用,形成擦痕,由于塑性变形而被推挤到擦痕两侧的金属,反复受到挤压作用,最后疲劳断裂、脱落而形成磨屑。

在实际的磨损过程中,以上三种情况可能同时存在。塑性材料与脆性材料的磨粒磨损机理不同,塑性材料的塑性变形起主导作用,而脆性材料的断裂是主导因素。

磨粒磨损造成的材料体积损失可近似按下式计算,即

$$V_x = k_0 \frac{Ns}{H} \tag{2-9}$$

式中:V_x——磨损体积;

N——法向载荷;

s——滑移距离;

H——材料的硬度;

k_0——磨粒磨损常数。

影响磨粒磨损的因素主要有材料的性质、磨粒形状、硬度及尺寸、载荷等。材料和磨粒的硬度,特别是二者的相对大小对磨粒磨损影响较大,如图 2-14 所示。显然,当磨粒硬度大于材料硬度时更容易造成磨粒磨损。但这并不是说磨粒的硬度低于材料硬度时就不会发生磨粒磨损,因为除了磨粒硬度外,磨粒的形状对磨粒与材料之间的接触挤压过程也有很大影响。基于此原理,在有的水液压轴向柱塞泵设计中,采用工程陶瓷加工缸体、配流盘等摩擦元件,从而有效提高其耐磨粒磨损的性能。金属的热处理有助于提高其表面硬度,从而提高其耐磨粒磨损的性能。

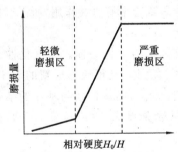

图 2-14　相对硬度对磨损的影响

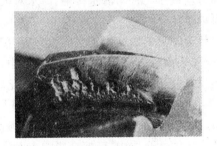

图 2-15　齿轮的疲劳磨损

3) 疲劳磨损

如图 2-15 所示,在滚动轴承或齿轮等高副接触零件的表面上常会看到深浅、大小不一的点状微坑,这种磨损形式称为疲劳磨损,根据磨屑或剥落坑的形态不同,也称点蚀或鳞剥,前者磨屑为扇状和颗粒状,后者为片状。

疲劳磨损的根本原因是作用在表面上的循环应力在表层内诱发微裂纹,微裂纹一般首先沿滚动方向不断扩大,最后到达表面,造成局部材料脱落,形成颗粒状或片状磨屑,而剥落坑的端口则较为光滑。

磨粒磨损、黏着磨损为渐进式磨损过程,疲劳磨损具有明显的阶段性,在零件使用的初期并不会发生,只有在运行一定时间后,即应力循环次数超过某一临界值

之后才会出现。零件抗疲劳磨损的能力一般用疲劳寿命或疲劳强度来表征。

疲劳磨损发生的一个重要条件是在表层内萌生裂纹。而表层内存在的各种物理或化学的缺陷成为裂纹萌生的策源地。常见的物理缺陷有晶格畸变、位错、空格和表面缺陷等,化学缺陷有金属夹杂、结晶格子内混有杂质原子等。在接触应力作用下,这些缺陷部位产生应力集中,根据滚滑接触表面的应力场分析,最大切应力大约位于表层下 0.3 mm 处。

影响疲劳磨损的因素有材料的力学性能,如强度、组织结构及缺陷状况、接触方式、载荷大小及循环次数、润滑条件及润滑介质、表面粗糙度等。

表面粗糙度与零件的疲劳寿命有密切关系。资料表明:滚动轴承的表面粗糙度为 $Ra0.2\ \mu m$ 时的接触疲劳寿命较 $Ra0.4\ \mu m$ 时的接触疲劳寿命高 $2\sim3$ 倍; $Ra0.1\ \mu m$ 时的寿命较 $Ra0.2\ \mu m$ 时高 1 倍; $Ra0.05\ \mu m$ 时的寿命较 $Ra0.1\ \mu m$ 时高 0.4 倍;表面粗糙度低于 $Ra0.05\ \mu m$ 时,表面粗糙度对疲劳寿命影响不大。

4) 腐蚀磨损

腐蚀磨损又称磨蚀,是一种腐蚀与磨损耦合作用的磨损形式。材料的腐蚀过程与周围介质种类有关,可能为化学腐蚀,也可能为电化学腐蚀。在化工设备、采矿及矿物加工设备中,摩擦副通常工作在酸、碱、盐等介质中,金属易发生腐蚀磨损。海水液压元件与海水接触,海水对大多数金属或合金有腐蚀作用,所以腐蚀磨损难以避免。

较为常见的腐蚀磨损是在大气环境下金属材料的氧化磨损。在氧化性介质中,金属表面生成氧化膜,在摩擦过程中,氧化膜被磨掉,又很快形成新的氧化膜,如此反复进行。氧化磨损的速率与氧化膜的特性有关,如氧化膜与基体的结合强度、氧化膜的生成速度等。如果氧化膜与基体结合强度高,生成速度高于磨损速度,由于氧化膜有减摩耐磨作用,氧化磨损量较低。

在腐蚀性介质中,摩擦会影响表面化学反应的进程,通常会起促进作用。如在气体或液体环境中,有摩擦发生时,一些在高温下才能发生的反应在中温甚至低温条件下就可以发生。这种由摩擦能或机械能导致的化学反应称为摩擦化学反应,由此引起的磨损称为摩擦化学磨损,其内在机理包括摩擦热、磨损导致新表面的暴露等。例如,氮化硅陶瓷在水中会发生摩擦化学反应生成水合物。

5) 其他磨损形式

除了上述基本磨损机理外,还有一些磨损形式是在特定条件下发生的,如气蚀、微动磨损、拉丝侵蚀等,条件具备时,这些磨损形式也会在水液压元件中发生,因此有必要了解其产生的原因、影响因素及控制方法。

(1) 气蚀　气蚀是水力机械、液压机械中常见的一种表面破坏形式,螺旋桨、水轮机叶片、离心泵的叶片、柱塞泵的配流盘等都是易发生气蚀损坏的零件。气蚀的发生与流体流动过程中的气穴现象有关。在流体机械中,若在某些过流表面或孔口附近存在较低压力,则将会诱发气穴。根据流体压力的高低,形成气穴的气泡来源有三个:一是原本存在于液体内的微细空气泡,当压力降低时,微细气泡膨胀并聚结变成大气泡;二是当流体压力低于某一温度下的气体分离压力时,溶解于液体中的气体因为过饱和而部分析出形成气泡;三是若压力继续降低,当低于液体的饱和蒸汽压时,液体将沸腾产生大量气泡。当通过上述途径形成的气泡随液流流到压力较高的区域时,气泡受到挤压,其容积在瞬间急剧减小,使其内部气体压力和温度升高,最终导致气泡溃灭。气泡的溃灭伴随能量的释放过程,引起液体的压力冲击,从而产生噪声。若气泡的溃灭发生在零件表面,由于气泡不对称,溃灭过程会产生一股朝向固体表面的微射流,对材料表面产生强烈冲击,气泡中释放出的高温气体会促进材料表面腐蚀的发生,特别是当气体中含有腐蚀性成分时对零件表面腐蚀的促进作用会更明显。由于气泡数量极大,对表面的冲击频繁持续地发生,最终会引起表层材料的疲劳剥落,再加上腐蚀作用,在零件受气蚀作用的区域,表面将变成蜂窝状,最终导致零件失效。严重的气蚀可在表面形成大片的凹坑,深度可达 20 mm。如图 2-16 所示为某配流盘发生气蚀后的照片。

图 2-16 配流盘表面发生气蚀后的照片

通过上面的分析可知,气蚀过程主要是疲劳磨损和腐蚀磨损综合作用的结果,如果液体中含有磨粒,还将有磨粒的冲蚀作用。

为了减少和避免气蚀,在进行零件的结构设计时应使流道尽可能平滑过渡,避免压力突变而产生低压区或涡流区;在零件加工时选用高强度和高韧度的金属材料。对于水液压系统,还可将水箱置于高处,增大吸水管直径以减小泵的吸入真空度。

(2)微动磨损 相互接触的表面由于微幅振动而产生的磨损,称为微动磨损。振动的振幅一般在几十纳米至几十微米,通常不超过 0.25 mm。微动磨损实质上是黏着磨损、腐蚀磨损、磨粒磨损和疲劳磨损等多种磨损共同作用的结果。在载荷作用下,接触表面上的微峰接触点上形成黏着结点,振动时,黏结点被剪切,如为金属材料,且在大气环境中,剪切面将发生氧化,氧化物被磨损脱落后积聚在接触面间成为磨屑,进而对表面产生磨粒磨损。

一般来讲,抗黏结能力强、硬度高的材料配对副抵抗微动磨损的能力也强。由于润滑膜覆盖在表面可以防止材料氧化,故适当的润滑也有利于降低微动磨损。表面粗糙度对微动磨损的影响不大。

在机器的运输和运转过程中一般都存在振动,因此,微动磨损是一种常见的磨损现象,如机械连接构件、航空航天机械、汽车、大功率涡轮发动机等。此外,微动磨损也是影响煤矿提升机构的钢丝绳及斜拉式大桥的钢索等结构零件使用可靠性的重要因素。

(3)拉丝侵蚀　"水滴石穿"体现了在人们眼中秉性柔弱的水本身潜在的巨大威力,水的流速越高,单位体积所包含的能量就越大,当流过材料表面时对材料的冲击(冲刷)作用就越强烈。高速水流导致的表面材料损失和表面破坏的过程称为拉丝侵蚀,其结果是在零件表面上形成一道道沿水流方向的磨痕。

在水液压元件中存在很多间隙很小的配合,水在较高压差作用下会以很高的速度流过缝隙,从而损伤元件缝隙表面,造成零件之间的配合精度下降及泄漏增加。因此,提高材料的强度和硬度有助于提高其抗拉丝侵蚀的能力。

水射流切割技术就是利用高速水流对材料的冲击侵蚀作用来完成材料的切割加工的。

2.6　润滑理论及水润滑的特点

润滑是减小摩擦磨损最有效的方法,常用的液体或固体润滑剂会在摩擦面上形成一层润滑膜,避免零件表面的直接接触。有的摩擦副通过气体将零件表面隔开,如气浮轴承,从而极大降低摩擦阻力。

固体润滑剂通常有二硫化钼、石墨、聚四氟乙烯等,主要用于不能用液体润滑剂来润滑的场合,如高温、真空及太空环境中的机械装置。因为水液压传动元件中的摩擦副通常处于液体润滑中,故此处仅给出关于液体润滑的相关理论,并结合水的理化特性进行讨论。

液体润滑按照润滑效应形成机理及特点分为边界润滑、弹性流体动压润滑、流体动压润滑和静压润滑等。润滑膜的形成过程不仅与摩擦副结构有关,还与流体的物理特性有关。

1)边界润滑

在重载低速的场合,摩擦面间无法建立起有效的流体动压润滑,在两接触面间无连续流体膜存在,仅在表面上形成一薄层连续或不连续的润滑剂分子吸附膜,吸附膜厚度一般在 $0.1~\mu m$ 以下。当表面微凸峰在压力作用下接触发生塑性变形时,表面膜被破坏,使固体表面直接接触,如图 2-17 所示。在边界润滑情况下,接触面一般既有边界膜润滑区域,又有固体直接接触区域,还存在液体润滑的区域,在有的文献中将这种润滑状态称为混合润滑。

吸附膜形成的机理有物理吸附和化学吸附两种,吸附强度主要取决于润滑剂和摩擦表面材料的理化特性,能够形成有效吸附的润滑剂分子通常具有极性,且分

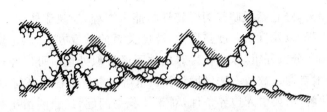

图 2-17　边界润滑示意图

子量较大。如在润滑油中作为极性添加剂使用的脂肪酸 $C_nH_{2n+1}+COOH$，其分子为极性分子，其中 COOH 为极性团，极性团通过范德华力吸附在材料表面上，从而在表面形成一层有序排列的润滑剂分子薄膜，如图 2-18 所示，在分子膜外面还可以形成第二、第三乃至更多层的分子吸附层，但越靠近外层，吸附力越小。薄膜将摩擦面除局部微峰接触点外的大部分区域隔开，使摩擦发生在吸附膜上，从而使摩擦力降低。

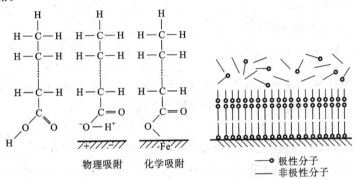

图 2-18　脂肪酸极性分子结构与吸附膜模型

　　润滑剂在材料表面形成吸附膜的能力和吸附膜的强度称为润滑剂的油性，油性与液体种类及固体材料表面性能有关，一般来说，动物油的油性好于植物油，植物油好于矿物油。材料的表面能越高，润湿性越好，边界膜越易形成，天然的水无"油性"可言，因此，在很多材料表面难以形成吸附水膜。

　　2）流体动压润滑

　　早在 1886 年，英国工程师雷诺（O. Reynolds）通过求解 Navier-Stokes 黏性流体动力学方程组，揭示了流体动压滑动轴承的承载机理。流体动压润滑膜的形成主要是摩擦副楔形间隙和两表面之间的相对运动速度两方面共同作用的结果，是一种润滑膜厚度较大（$1\sim100$ μm）的宏观润滑方式。在流体动压润滑条件下，摩擦面被一层液体膜完全分开，摩擦主要来自流体内部的黏性摩擦。流体动压润滑的理论模型是基于两表面刚性接触假设，控制方程组除了经过简化处理的 Navier-

Stokes方程组外,还包括反映热力学特性的能量方程,反映流体密度与压力、温度关系的状态方程,以及反映黏度与压力、温度关系的黏度方程,以上诸方程构成了非线性二阶偏微分方程组,除了在特殊条件下经近似处理后可以通过解析方法求得近似解,一般要通过数值方法借助计算机求解。求解方程组得到的是通解,为了得到问题的特解,需要引入边界条件,对于非稳态问题,还需要给出初始条件。求解方程组得到润滑膜内的压力分布函数,通过对轴承面积积分获得润滑膜的总承载力。以无限宽滑动轴承为例,流体动压润滑膜的承载力计算公式为

$$W = \frac{\pi n l r^3 \mu}{30(R-r)^2} \varepsilon \qquad (2\text{-}10)$$

式中：n——轴颈转速；

$\quad\quad l$——轴承宽度；

$\quad\quad R$——轴承半径；

$\quad\quad r$——轴颈半径；

$\quad\quad \mu$——流体动力黏度；

$\quad\quad \varepsilon$——轴承偏心率,$\varepsilon = \frac{R-r}{R} \times 100\%$。

可见,轴承承载能力与流体黏度成正比,由于水的黏度仅为液压油的三分之一左右,相同条件下水的动压润滑能力远低于液压油。

3) 弹性流体动压润滑

流体动压润滑的理论是基于零件为刚性体和润滑剂物理性能参数为常数的假设,由此得到的结果经过实践证明与大多数滑动轴承的实际润滑状态相符。但像滚动轴承和齿轮传动这样的高副接触摩擦面间也存在有效的润滑保护,就无法由经典的流体动压润滑理论得到合理解释,因为按照经典动压润滑理论代入有关参数计算得到的润滑膜厚度远低于零件表面粗糙度值,不足以形成对零件的有效保护,零件将很快磨损失效。但实际上,滚动轴承和齿轮在寿命周期内的使用可靠性通常是有保障的,并不会像动压润滑理论预测的那样易于遭受磨损破坏。这种实践与理论上的不一致促使许多科学工作者重新审视经典润滑理论模型的合理性,并由此在20世纪后期建立起了较为完善的弹性流体动压润滑理论。

弹性流体动压润滑理论客观地考虑了接触体的弹性变形和润滑剂的流变特性,并将有关方程代入流体动压润滑模型中,通过数值求解获得了油膜厚度、油膜承载力及摩擦力等参数,弹性流体动压润滑理论后来得到了实验验证,很好地回答了点、线、高副接触摩擦副的润滑问题。在弹性流体润滑分析中,充分考虑了点线接触下接触区域的弹性变形,以及在很高的接触压力(可达1 GPa)下润滑剂的黏度、密度的变化对润滑带来的影响。弹性流体润滑的压力分布及油膜厚度变化与

刚性接触下的流体动压润滑存在显著差别,如弹性流体润滑下的压力分布具有二次压力峰,而非刚性赫兹接触下的椭圆形分布,且二次峰通常高于最大赫兹接触应力,对应二次压力峰处油膜厚度存在颈缩现象,如图 2-19 所示。

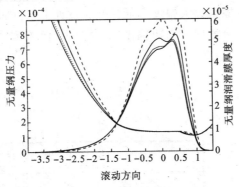

图 2-19　典型线接触弹性流体润滑压力及膜厚分布

弹性流体动压润滑的最小油膜厚度一般小于 3 μm,在研究中根据问题的特点有时需要考虑表面粗糙度的影响,有时需要考虑热影响或者非稳态效应的影响。考虑上述影响时的弹性流体润滑问题,分别称为部分弹流、热弹流和非稳态弹流。

线接触弹流润滑最小油膜厚度可由道森-希金森(Dowson-Higginson)拟合公式计算,即

$$h_{min} = 2.65 \frac{(\mu_0 \bar{v})^{0.7} \alpha^{0.54} R_\Sigma^{0.43}}{E'^{0.03} w^{0.13}} \tag{2-11}$$

式中: μ_0——流体在常压下的动力黏度;

　　　$\bar{v}$——两表面的平均卷吸线速度;

　　　α——流体的黏压指数;

　　　R_Σ——接触点处表面的当量曲率半径;

　　　E'——两接触体材料的当量弹性模量;

　　　w——作用的线载荷。

水的黏度及黏压系数(38 ℃时 6.7×10^{-10} Pa^{-1})较矿物油(通常 38 ℃时 2.0×10^{-8} Pa^{-1})低得多,参见图 2-20,因此水润滑下的弹流效应微弱。

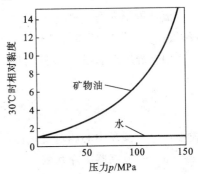

图 2-20　水、矿物油的黏度与压力的关系

4) 流体静压润滑

如图 2-21 所示,流体静压润滑是通过在支承面上设置流体容腔,将一定压力和流量的流体(液体或气体)引入该腔,腔内压力流体通过支承面四周缝隙泄漏,流体压力由腔内压力降低至周围环境压力,由腔内压力和密封面上流体压力

共同形成一定的支承作用力,与负载相平衡。为了提高润滑膜的支承刚度,即对负载变化的适应能力,在引入高压流体的管路上设置合适的阻尼。静压润滑只要设计合理,理论上可以在摩擦副间建立一定厚度的流体润滑膜,将固体接触变为纯液体润滑,使摩擦系数大幅度降低。但在设计上,特别是在确定最佳流体润滑膜厚度时,需要综合考虑表面粗糙度、流体的污染、负载的脉动冲击等实际因素的影响。

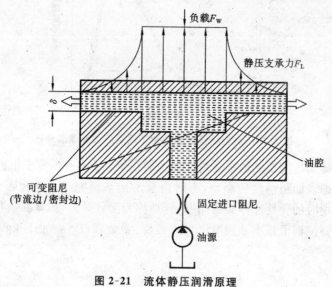

图 2-21　流体静压润滑原理

流体静压润滑在机床工作台的导轨、液压泵的端面配流副和滑靴副、曲轴连杆、液压马达的配流轴等结构中有应用。

根据静压支承理论,以圆盘形静压支承为例,静压支承液体膜的最佳设计厚度为

$$h_{opt}=\left[\frac{4(R_2^2-R_1^2)\ln\dfrac{R_2}{R_1}}{\alpha}\right]^{\frac{1}{4}}\cdot\left(\frac{\mu v}{p_s}\right)^{\frac{1}{2}} \tag{2-12}$$

式中:v——圆盘中心相对支承面的滑动速度;

　　　α——节流器压降系数;

　　　μ——液体的动力黏度;

　　　p_s——供液压力;

　　　R_1、R_2——支承密封面的内外半径。

式(2-12)是在综合考虑了液体摩擦造成的机械损失和泄漏引起的容积损失后,以总功率损失最小为优化目标推导得来的。

通常,在油压元件中静压支承油膜厚度取 $5\sim15\ \mu m$,根据式(2-12),在同样条

件下,若采用纯水润滑,则为防止容积损失过高,水膜厚度只能取 $1\sim5~\mu m$,显然若考虑到实际表面的粗糙度因素,则理论上欲形成有效的润滑膜,零件的表面加工精度必须很高。

5) 薄膜润滑

要深入了解摩擦磨损的作用机理,必须对两接触表面在原子、分子尺度上的作用机理和动力学过程进行研究。近年来,在高精密微机电系统的研究中,需要考虑在微观尺度上的润滑问题,如磁盘读取机构的摩擦润滑问题。现代测量技术和测量仪器的发展为在微纳米尺度上研究摩擦学问题提供了基础,如借助探针显微镜(STM)、原子力显微镜(AFM)、扫描隧道显微镜(STM)、表面力仪(SFA)等测量仪器,可以在高分辨率下考察摩擦过程的界面现象,摩擦学研究的这一新领域称为纳米摩擦学。我国著名摩擦学专家温诗铸提出了薄膜润滑理论,润滑膜厚度在纳米级、亚微米级,是一种介于边界润滑和弹性流体动压润滑之间的润滑状态,润滑膜厚度一般在 $0.01\sim0.1~\mu m$。

对于采用水润滑的摩擦副,由于水的黏度很低,黏压系数也很小,按照弹流理论计算点、线接触摩擦副的润滑膜厚度,所得结果基本位于该范围之内。一些超低速或特重载荷的摩擦副表面也处于薄膜润滑状态。

综合上述几种润滑机理可以看到,在水液压元件的摩擦副中,润滑膜的形成远比油压元件困难。

流体润滑状态与运行条件有关,如速度和载荷对润滑膜的形成情况影响很大,摩擦系数随润滑条件的改变而变化。图 2-22 所示为滑动轴承的润滑状态、摩擦系数与运行条件关系的舒贝克(Streibeck)曲线。

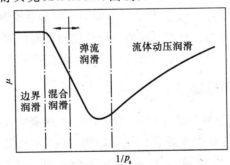

图 2-22　滑动轴承的润滑状态、摩擦系数与运行条件关系的舒贝克曲线

2.7　常用材料的摩擦磨损特性

如前所述,摩擦磨损特性是与摩擦学系统相关的材料物理特性,因此,研究某

一特定材料的摩擦磨损特性必须通过实验研究。此处仅概括地介绍常见材料的摩擦磨损总体特点。

2.7.1　金属材料

表面清洁无污染、无氧化的金属之间黏着倾向大,摩擦系数高,但当金属暴露于大气或其他介质中时,一般会在表面形成氧化膜,且在最外层常会有污染膜,如前所述,污染膜和氧化膜会显著降低摩擦系数。

含铬合金由于铬氧化后形成较致密和硬度较高的氧化铬而起到减摩和防腐蚀作用。在轴承中较广泛使用的巴氏合金、青铜、灰铸铁等材料因包含可形成低剪切强度膜的元素因而具有良好的减摩耐磨性能。

金属的摩擦性能还受载荷、表面温度、滑动速度等的影响。一般来说,很难给出这些因素对摩擦系数影响的确定规律或计算公式,只能结合已有的实验结果作定性的讨论。载荷会影响表面接触状态及实际接触面积的大小:载荷低时,表面氧化膜基本不被破坏,故摩擦系数较低;载荷增大时,接触点弹性变形增大,甚至发生塑性变形,氧化膜可能被刺穿,摩擦系数将增加。

滑动速度主要通过表面发热影响摩擦系数。滑动速度越高,在接触点上的温升越大,这会促进氧化膜的生成甚至可能导致局部熔化,从而降低剪切应力,所以一般金属材料的摩擦系数会随滑动速度的增加而下降。

在较高的接触应力作用下,金属与金属之间会发生严重擦伤,甚至胶合,导致摩擦副失效。正如讨论黏着磨损原理时指出的,冶金相容性是影响金属材料摩擦磨损性能的重要因素。一般来说,合金的黏着磨损要低于纯金属的磨损。据美国钢铁学会(AISI)的实验,同种金属的抗胶合能力不如异种金属。不锈钢自配副的抗胶合能力比不锈钢与其他钢材配对时的抗胶合能力低两倍多,钢材的含镍量对其抗胶合能力有不利影响。合金中添加铬、钼、钴等元素有助于减小摩擦、磨损和腐蚀。

2.7.2　聚合物材料

聚合物材料包括塑料和橡胶两种,分子量较大的聚合物称为高分子材料。橡胶为高弹性体材料,通常为非晶态无定形结构,常用于轻载水力机械中的滑动轴承;工程塑料为黏弹性体材料,表面能较低,只有 1.85×10^{-2} Pa·cm,耐蚀性好、具有较低的摩擦系数,在水液压元件或其他润滑条件差的场合用作摩擦件,可以与金属或陶瓷等配组使用。单体高分子材料的力学性能很差,故实际应用的工程塑料往往都是经过添加碳纤维、玻璃纤维、石墨、青铜颗粒等填充物而形成的复合材料,具有较高的强度、硬度、耐磨性和耐高温性等特性。

聚合物在与其他材料对磨时,经常会在对偶面上形成转移膜,使摩擦发生在转

移膜与聚合物之间,摩擦系数较低。图2-23
所示为高密度聚乙烯与玻璃之间的摩擦系
数随滑动距离的变化,在开始阶段,玻璃表
面的塑料转移膜尚未形成,摩擦系数较大,
但随着滑移过程的进行,转移膜厚度增加
且形成平行于滑动方向的分子链,因此摩
擦系数降低。

聚四氟乙烯也具有类似的摩擦特性。
聚四氟乙烯的大分子结构呈螺旋形,在摩
擦时容易解脱和转移,从而在对磨面形成
厚度为 20～300 nm 的转移膜,在摩擦力作
用下大分子沿滑动方向取向,使摩擦实际

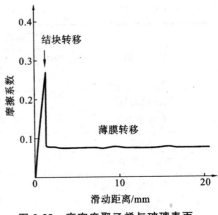

图 2-23　高密度聚乙烯与玻璃表面
的动摩擦系数

上变为聚四氟乙烯之间的摩擦。聚四氟乙烯由于具有低摩擦特性,常被用于减摩
材料或作为减摩添加剂。

塑料的主要磨损机理是黏着磨损、磨粒磨损和疲劳磨损,具有一些不同于金属
材料的特点,如塑料质软,磨粒容易压入塑料表面,可以减小磨粒磨损。塑料的耐
蚀性抑制了腐蚀磨损的发生,但塑料存在老化及蠕变的问题。如果配合表面比较
光滑,塑料容易发生黏着磨损,向硬表面转移,然后转移膜被剥离成为磨屑。如果
摩擦面粗糙,则塑料的磨损以两体磨粒磨损为主。塑料的性能受温度影响较大,在
中等压力和温度下容易发生流动,再加上塑料导热系数低,因此一般仅适用于低
载、低速和低温场合。当 pv 值超过塑料的极限允许值后,塑料表面将出现熔化,
磨损量增大。

与干摩擦相比,有水或油润滑时塑料的许用 pv 值可高出一个数量级,主要是
由于润滑剂的散热作用抑制了表面温升。表 2-2 给出了部分工程塑料的 pv 值、磨
损系数及最高许用温度。

表 2-2　部分工程塑料的 pv 值、磨损系数及
最高许用温度(条件:干摩擦、配对副材料为钢)

材　　料	给定速度下的 pv 值		最高许用温度/℃	磨损系数/($\times 10^{-7}$mm^3/(N·m))
	滑动速度/(m/s)	pv 值/(MPa·m/s)		
聚四氟乙烯(未填充)	0.5	0.06	110～150	4 000
聚四氟乙烯(玻璃纤维填充)	0.05～5.0	0.35	200	1.19

材　　　料	给定速度下的 pv 值		最高许用温度/℃	磨损系数 /(×10^{-7}mm³/(N·m))
	滑动速度 /(m/s)	pv 值 /(MPa·m/s)		
聚四氟乙烯（石墨填充）	5.0	1.05	200	—
聚甲醛（聚四氟乙烯填充）	0.5	0.19	—	3.8
超高分子量聚乙烯（无填充）	0.5	0.10	105	—
超高分子量聚乙烯（玻璃纤维填充）	0.5	0.19	105	—
聚酰胺	0.5	0.14	110	38
聚酰胺（石墨填充）	0.5	0.14	150	3.0
聚酰亚胺	0.5	3.50	315	30.0
聚酰亚胺（石墨填充）	0.5	3.50	315	5.0
聚酰亚胺（玻璃纤维填充）	0.5	1.75	260	—

填充纤维的方向性对聚合物材料的摩擦特性也有影响。纤维方向与滑动方向平行时，摩擦系数及磨损量较大，而垂直时较小。碳纤维及玻璃纤维的硬度高于中碳钢，会对金属表面产生磨损，特别是对铝青铜等较软的金属会产生严重磨损。

塑料在光照、水、氧气、热等作用下发生外观、力学性能等方面变化的现象称为老化，如褪色、脱层、增塑、龟裂、脆断、溶解、机械强度及硬度下降等，老化会导致塑料的磨损增加。

2.7.3　陶瓷材料

陶瓷的组织结构一般为离子键或共价键，键能高，因此陶瓷的抗压强度和硬度高，耐蚀性好，而塑性及断裂韧度很低。一些陶瓷自配副的滑动摩擦系数见表2-3。

在大气环境、无润滑条件下，陶瓷自配副的摩擦系数一般低于金属自配副。原因是陶瓷的塑性低，在接触点上的塑性变形有限，因而实际接触面积较小，黏着摩擦力较低。断裂韧度对陶瓷的摩擦系数有较大影响，断裂韧度增大，摩擦系数减小。

表 2-3　陶瓷自配副的滑动摩擦系数(大气环境,室温,干摩擦)

材　　　料	摩 擦 系 数
Al_2O_3	0.3～0.6
BN	0.25～0.5
Cr_2O_3	0.25～0.5
SiC	0.3～0.7
Si_3N_4	0.25～0.5
TiC	0.3～0.7
WC	0.3～0.7
TiN	0.25～0.5
金刚石	0.1～0.2

非氧化物陶瓷在氧化环境下能生成氧化膜,还有许多陶瓷暴露于潮湿环境中或浸水时会与水反应生成氢氧化物。反应膜在组成上不同于基体,为非晶体结构,剪切强度较低,但能降低摩擦系数和磨损率。表面温度的增加有利于这种化学反应的进行,一般称这种摩擦条件下的反应为摩擦化学反应,例如:

氮化硅陶瓷与氧气和水的摩擦化学反应式为

$$Si_3N_4 + 3O_2 \rightarrow 3SiO_2 + 2N_2$$

$$Si_3N_4 + 6H_2O \rightarrow 3SiO_2 + 2NH_3$$

碳化硅、氮化钛等非氧化物陶瓷有类似的反应过程。

氧化硅与水的反应式为

$$SiO_2 + 2H_2O \rightarrow Si(OH)_4$$

氮化硅自配副在干燥氮气、空气、水环境下的摩擦系数及磨损率测量结果如图2-24所示。

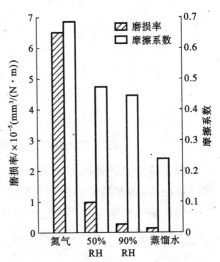

图 2-24　氮化硅自配副在不同条件下的摩擦系数和磨损率

通常,以塑性变形和摩擦化学反应为主的磨损过程有较低的磨损率,且摩擦面趋于光滑。Tomizawa 和 Fisher 的研究表明,在水润滑条件下氮化硅陶瓷自配副的摩擦系数小于 0.002,碳化硅的摩擦系数小于 0.01。以脆性断裂为特征的磨损则通常有高的磨损率,磨损后摩擦面变粗糙。

对于陶瓷在水润滑下呈现的低摩擦现

象,除了摩擦化学反应的解释外,Zhang 和 Umehara 还提出了陶瓷表面水膜的双电层理论。如图 2-25 所示,双电层由 sterm 层和扩散层组成,前者为水与固体表面的吸附层,后者为流体作宏观流动的区域。双电层理论认为,由于在 sterm 层存在电势,液体的流变特性发生变化,黏度增加,润滑膜的流体动压作用增强。

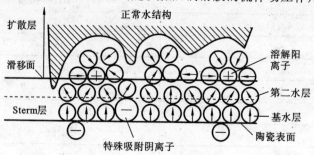

图 2-25　双电层结构示意图

但有些氧化物陶瓷如氧化铝、氧化锆,它们的摩擦系数和磨损率随着相对湿度的增加而上升,如图 2-26 所示。这是由于水侵入陶瓷表面的微裂纹后,使裂纹扩展速度加快。潮湿环境改变了表层位错的活动能力,因此,陶瓷材料暴露于潮湿环境后表面塑性增大,结果导致磨损增加。

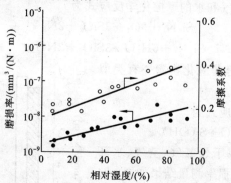

图 2-26　氧化物陶瓷摩擦特性与湿度的关系

陶瓷的磨损通常以表面的碎裂为主,而不是塑性变形失效。由于陶瓷一般为多晶体结构,表面晶粒的排列与取向和摩擦磨损性能密切相关。

气孔是陶瓷加工成形中形成的组织缺陷,会导致应力集中,诱发裂纹;另外,表面加工时留下的微裂纹等表面缺陷,也会增加磨损。

第3章 水润滑下材料的摩擦学研究

液压泵和液压马达为了实现确定的运动和完成力的传递,都存在一些具有相对运动并存在一定比压的摩擦副。在阀类控制元件中,阀芯与阀套也存在摩擦磨损问题,这些摩擦副在形式上与同类的油压元件类似,但由于水的黏度低,在设计上需要兼顾密封和摩擦两个方面的要求。水液压元件的设计要采用耐腐蚀材料,如工程塑料、工程陶瓷,或采用表面工程技术对金属材料表面进行改性处理。本章主要介绍对这些材料在水润滑下摩擦磨损特性所做的部分实验研究工作。

3.1 温度、压力对水的密度、黏度等物理性能的影响

第1章对水与液压油的主要理化特点进行了对比分析,这里再对水的密度、黏度、汽化压力等性能参数受温度、压力影响的关系进行简单介绍。

1) 水的密度随温度和压力的变化规律

液体的密度与温度的关系方程通常由下式描述

$$\rho = \rho_0 [1 - \alpha(t-15)] \tag{3-1}$$

式中:ρ_0——流体在标准大气压、15 ℃时的密度;

α——流体的体积膨胀系数,矿物型液压油一般是 0.000 67 ℃$^{-1}$,水为 0.000 18 ℃$^{-1}$;

t——液体的温度,℃。

在等温压缩条件下,液体的密度与压力的关系方程为

$$\rho = \rho_0 \left[1 + \frac{1}{\beta_T} p \right] \tag{3-2}$$

式中:ρ_0——液体在 0.1 MPa 绝对压力下、15 ℃时的密度;

β_T——等温体积弹性模量,其物理意义是在温度一定的条件下,液体的单位体积变化对应的压力变化,即

$$\beta_T = \frac{\Delta p}{\dfrac{\Delta V}{V}} \bigg|_{t=\text{const}}$$

β_T 随液体压力和温度的变化而变化,在实际使用时一般用其平均值,矿物油一般为 $(1.33 \sim 1.54) \times 10^4$ bar(1 bar=100 kPa),水为 2.1×10^4 bar。

对于等熵绝热变化过程,液体的体积弹性模量用等熵体积弹性模量 β_s 表示, β_s 与 β_T 的关系是

$$k = \frac{\beta_s}{\beta_T} \tag{3-3}$$

式中: k——液体的等压热容与等体积热容之比。液体内无悬浮气泡的条件下,矿物油的 β_s 一般为 $(1.0 \sim 1.6) \times 10^4$ bar,水为 2.4×10^4 bar。

矿物油的密度随温度和压力变化的曲线如图 3-1 所示。

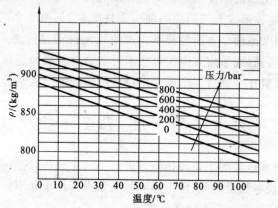

图 3-1　矿物油密度随温度和压力变化的曲线

应该指出,关于液体密度与压力、密度与温度的关系方程目前并无统一表达式,因为这些公式通常是在特定的实验条件下根据实验数据拟合而得来的。

对于液压泵,液体的压缩性主要影响其闭死容积损失,对于整个液压系统,则影响系统振动和噪声。液体的可压缩性不仅与液体的种类有关,还受液体内的气泡含量影响,对于含有气泡的液体,其压缩性急剧增大,通常用等效体积弹性模数 β_e 来描述, β_e 的表达式可以通过理论的方法导出,具体参见有关书籍。

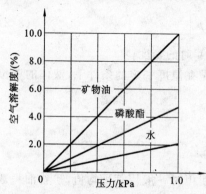

图 3-2　空气在部分液体中的溶解度

2) 空气在水中的溶解度

空气可以溶解于任何液体中,溶解度随液体压力和温度的变化而变化,压力越高,溶解度越高;温度越高,溶解度越低。空气在液体中的溶解量一般用邦森(Bunsen)溶解度系数 b 表示, b 定义为 0 ℃时,大气压下单位液体体积内溶解的空气体积,对于矿物油 b 约为 0.09,水约为 0.02。空气在矿物油、磷酸酯及水中的溶解度随压力的变化关系如图 3-2 所示,可见,同样

条件下空气在水中的溶解度要小于矿物油。

3）水的汽化压力

水、四氯化碳和汽油的汽化压力随温度的变化曲线如图 3-3 所示。

4）水的黏度

液体黏度随温度变化关系和黏度随压力变化关系尚没有统一的表达式。水、矿物油的黏度受温度变化的影响关系如图 3-4 所示，受压力的影响关系如图 2-20 所示。可见水的黏度随温度、压力的变化很小，在一般压力条件下可以忽略。

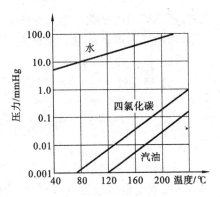

图 3-3　水、四氯化碳和汽油的汽化压力随温度的变化曲线

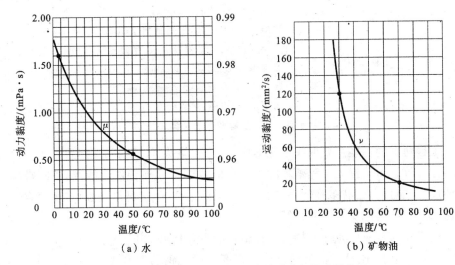

（a）水　　　　　　　　　　（b）矿物油

图 3-4　大气压力下水与矿物油的黏度与温度的关系

3.2　选择水液压元件摩擦副材料应注意的问题

选用水液压元件摩擦副的材料时，应考虑以下因素。

（1）满足结构所需的强度、刚度要求。

（2）化学稳定性好　主要是耐水的腐蚀，对于工程塑料则主要是在水中不发生水解溶胀。

（3）优良的摩擦磨损特性。

（4）热稳定性好　由于强烈的摩擦作用，摩擦副间的局部温升很高，材料的主要性能不因温度变化而剧烈变化。配对材料的热力学性能参数要相匹配,这对于配合间隙要求严格的摩擦副很重要。

(5) 良好的加工成形工艺性。

(6) 经济性。

3.3　工程塑料的分类及性能特点

工程塑料一般是指在较宽温度范围和较长使用时间内,能够保持优良力学性能,并能承受机械应力,可以作为结构材料使用的一类塑料。工程塑料的分类如图3-5所示。

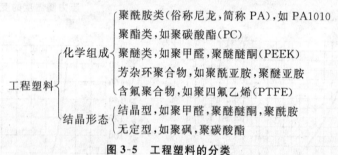

图 3-5　工程塑料的分类

工程塑料的性能主要取决于化学成分、分子量大小、分子结构、晶体形态以及制备方法等。为了提高工程塑料的力学性能或获得其他特殊性能,制备时常添加其他成分。目前,已有多种物理的、化学的增强方法,例如纤维增强、多种聚合物共混、合金化、与其他材料的复合等。

适于作为水液压元件材料的工程塑料的主要特点如下。

(1) 密度小,质量轻　工程材料的密度一般是钢的四分之一,铝的二分之一,可以降低零件的重量。

(2) 比强度高　参见表3-1,经过纤维增强的工程塑料,其比强度几乎可以与金属媲美。

表 3-1　工程塑料与金属的比强度　　　　　单位:MPa·m³/kg

材　料	合　金　钢	硬　铝	玻璃纤维增强 PC	玻璃纤维增强 PA
比拉伸强度	0.16	0.14~0.16	0.088~0.093	0.15

(3) 化学稳定性好　工程塑料几乎不溶于一般化学溶剂中,在海水中不存在腐蚀问题。

(4) 易加工成形　可以做成复杂形状,加工成本低。

(5) 在水环境中具有优异的减摩耐磨特性,非常适于用作摩擦件材料。

(6) 塑性大,具有减振降噪特性。

(7) 对水中污染颗粒有一定的嵌藏能力,可以在一定程度上减小磨粒磨损。

3.4　水润滑下工程塑料的摩擦学研究概述

20 世纪 60 年代,美国学者 B. Bhushan 做了多种塑料与合金配合在海水中的销-盘摩擦实验,柱销材料包括填充 50% 铜粉的超高分子量聚乙烯、超高分子量聚乙烯(UHMWPE)、填充 30% PTFE 的聚酰亚胺、Torlon4301;盘材料包括 Inconel625、Nitronic50,实验发现 Torlon4301-Inconel625 组合磨损量最小。

英国 HULL 大学的 C. A. Brookes 结合研制水压柱塞泵的需要,对由多种塑料做成的滑靴与表面经特殊处理的金属或陶瓷斜盘的组合在自制实验台上进行了磨损实验,实验结果见表 3-2。实验结果表明,在过滤精度较高的前提下,软-硬的组合耐磨损性较好。

表 3-2　C. A. Brookes 的实验结果

材　料　副		磨损量/($\times 10^{-3}$ mm)	
靴垫	斜盘	靴垫	斜盘
PEEK	SS431	0	−0.8
PEEK	Mg-PSZ	11.59	0.7
PEEK	He15TF	7.57	41.99
PEEK	SiC	−12.64	22.06
PEEK	EN24N	2.92	−6.59
PEEK	SS431(TBN)	1.45	−2.59
Mg-PSZ	Mg-PSZ	6.86	6.96
PEEK	Ti25N	25.3	4.66
PEEK	SS431(Mon/S)	20.1	−0.77
PEEK	SS431(Ni/SiC)	30.0	0.26
PEEK	SS431(Mon/L)	1.42	−0.32

芬兰 Tampere 大学的 T. Terävä 等人在销盘实验机上对淡水、海水、去离子水、润滑油润滑下一些纤维增强塑料与硬化钢或表面涂层不锈钢的组合做了大量

实验,发现 AISI420(4Cr13)不锈钢与 PEEK 组合的摩擦系数在滑动速度达到某一临界值后随速度增加逐渐降低,且与其他介质相比在水中的摩擦系数最小。该大学的Jari Rämö等人使用另一装置对 UHMWPE、碳纤维增强聚四氟乙烯、PTFE 改性 PEEK 与 AISI316(0Cr17Ni12Mo2)、Si_3N_4、Al_2O_3、SiC 及几种通过表面处理的覆层材料分别组合进行了实验,发现 UHMWPE、PTFE 与用 WC 做表面硬化处理的金属(Ni 为结合剂)耐磨性好,而 PEEK 则很差。

Dangsheng Xiong 通过对 PEEK/Al_2O_3 的销盘实验认为,渗入塑料表层的水受反复挤压,导致疲劳裂纹和脱落是磨损的诱因。

J. W. M. Mens 研究了在塑料中添加 PTFE 或玻璃纤维对 PA66、POM、PEEK、PPS 摩擦磨损性能的影响,对偶材料为 ANSI316 钢,发现添加 PTFE 无助于改善这些材料的摩擦性能,除个别例子外,加玻璃纤维有不利影响。

藤田光広通过 PA66 或 30%玻璃纤维增强 PA66 盘分别与 Al_2O_3 和 SUJ-2 钢球做的摩擦实验得出,加玻璃纤维使摩擦系数和磨损率略降,不加玻璃纤维时 PA66 主要磨损机理是黏着磨损,加玻璃纤维后则还有纤维的剥离。

J. Paulo Davim 等人通过 PEEK 或 PEEK（CF30%）与 AISI316L(022Cr17Ni12Mo2)做的销盘实验发现,对偶面的表面粗糙度,其次是相对速度对摩擦系数影响较大,而接触载荷对摩擦系数影响较小,碳纤维增强 PEEK 在实验后沿纤维边缘有脱落坑,刮擦和黏着是主要磨损形式。

3.5　工程塑料应用于水液压元件时应注意的问题

　　与金属和陶瓷材料相比,工程塑料普遍存在强度、刚度低,熔点、热变形温度低,使用温度范围较窄、易老化、在水环境中会水解或溶胀,以及在持续压力作用下会发生蠕变或松弛等缺点,因此在选材、设计、加工和使用时必须对塑料的特性预先有一全面的认识。

　　塑料吸水的原因在于水分子向塑料组织中的渗透,当塑料分子链上含有氧、酰胺基等亲水基团时,会有明显的吸水性。塑料吸水溶胀不仅表现为重量、尺寸的外在变化,还会降低材料的强度等力学特性。以尼龙为例,由于分子中的酰胺基是亲水基团,吸水率大,硬度会随吸水率的增加而变小(见图 3-6),水对尼龙来说是一种非常有效的增塑剂,它破坏了尼龙分子间的氢键,削弱了分子间的相互作用力。如 PA66,在干态下的拉伸强度、弯曲强度、硬度依次为 83 MPa、120 MPa、120 HRC,而吸水 2.5%后分别变为 58 MPa、55 MPa、108 HRC。

　　温度对工程塑料的影响也很大,塑料的力学性能会随温度增加而下降,温度增加还会促进塑料分子的降解老化。当用塑料制作有配合要求的水液压元件时,工

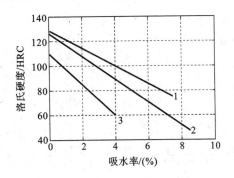

图 3-6　吸水率对尼龙硬度的影响

程塑料的热胀效应和溶胀性都会影响其尺寸稳定性。塑料的热胀系数总体上较金属大,图 3-7 所示为几种材料的热胀系数的比较。

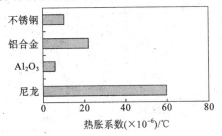

图 3-7　线性热胀系数的比较

　　为了得到实验用塑料的线胀性与吸水率和温度的关系,作者将实验塑料加工成短圆柱棒,浸没于自来水中,定时在同一位置(预先作标记)测量其外径和长度,并记录当时的水温,同一尺寸每次测三次取平均值,测量精度为 $1 \mu m$。图 3-8 所示为试件长度尺寸测试结果,从图中可以得出如下结论。

　　(1)所实验的塑料总体上分为两类:一类是尺寸基本不随浸泡时间增加而增加,尺寸变动趋势主要受温度升降影响,如 TX、PTFE、POM,这说明,此类塑料的吸胀性较好,在设计实验时可主要考虑温度变化的影响;另一类是尺寸随浸泡时间延长而增大,以致温度的变化影响相对显得微弱,如 NYLON,NSM,胶木,这类塑料吸水率高,当用作有配合要求的配合副(如柱塞副、向心滑动轴承)时,必须计入吸水率的影响,否则将出现卡死故障。

　　(2)水对 TX 尺寸的影响最小,其他塑料在开始的 72 h 内尺寸增加较快,吸水对尺寸的影响随浸泡时间延长趋于平缓,说明吸水趋于饱和。

　　对于外购的塑料,除非提供了线胀系数,在使用前建议做相关的实验测试,一般手册中给出的吸水率(质量比)不能说明吸水对尺寸的影响。在海水作业工具系统中,应根据作业深度估计温度变化范围,校核关键摩擦副的配合间隙。

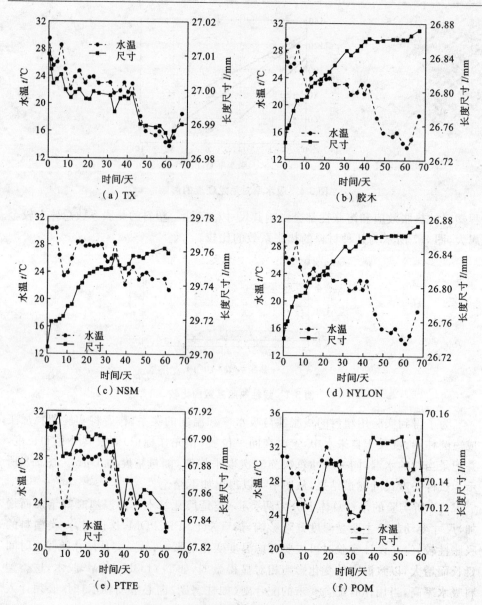

图 3-8　几种塑料的实测尺寸变化曲线

3.6　工程陶瓷在水润滑下的摩擦学研究概述

　　工程陶瓷是相对普通的日用陶瓷而言的,按化学组成不同分为氧化物陶瓷、氮化物陶瓷、碳化物陶瓷、硼化物陶瓷和金属陶瓷等。工程陶瓷用于水液压元件具有以下特点。

(1) 有比一般金属高得多的压缩强度和硬度。

(2) 摩擦磨损性能好,抗磨粒磨损、黏着磨损、气蚀磨损的能力突出。

(3) 高温化学稳定性好,不存在海水腐蚀,密度较金属小。

有关工程陶瓷的摩擦学研究很多,涉及水润滑方面的研究概述如下。

木村芳一等人研究了 SiC-SiC、SiC-SUS420J2 配对副作为推力轴承在反复启停过程中的磨损特征,发现在清洁水中两种组合的磨损量差别不大,而当水中混入 SiO_2 微粒时,SiC-SiC 配对的磨损量较 SiC-SUS420J2 配对的低得多。

Lancaster 认为,陶瓷在水润滑下损坏的机理有三个:塑性变形、断裂和摩擦化学反应,他还发现,水的存在使 Al_2O_3 磨损量增加,而对 Si_3N_4、SiC 和 Sialon 的影响不大,增韧 SiC 自配副在蒸馏水中表现出优异的摩擦磨损性能,添加 TiC 或 TiB_2 后由于改善了摩擦化学反应生成物的水溶性,对提高 SiC 的耐磨性有益。

Ravikiran 对 Al_2O_3 销和硬化钢盘配对副在水中的实验发现:低速(3 m/s)下,水有利于减小该摩擦副的摩擦系数,磨损量几乎为零;当速度大于 4 m/s 时,磨损量增加。

K. H. Zum Gahr 的研究认为,在相同条件下,陶瓷-陶瓷配对副比陶瓷-钢配对副的磨损量大,在水中 Al_2O_3 自配副、Al_2O_3-钢配对副的磨损特性较好。

L. C. Erickson 等人通过盘-盘配对副实验,得出水润滑下 SiC 自配副、Si-SiC 配对副较 Al_2O_3 自配副耐磨,Al_2O_3 自配副的主要磨损方式是表面断裂,而 SiC 自配副、Si-SiC 配对副为微刮擦及微断裂;藤井正浩通过滑动轴承实验,发现 Al_2O_3 自配副比与不锈钢自配副的摩擦磨损小,认为后者发生了材料转移,导致较大的磨损。

B. Bhushan 等人通过销、盘试验研究了喷涂陶瓷的磨损特性,如表 3-3 所示。

表 3-3　B. Bhushan 等人的实验结果

销	盘	接触压力/MPa	实验时间/h	磨损量/μm
Ferro-TiC HT-2	Ferro-TiC HT-2	3.65	3	670
Al_2O_3	等离子喷涂 WC	5.51	4	22
Al_2O_3	等离子喷涂 WC	5.51	4.3	10
石墨	表面镀铬	0.93	3.5	150
Al_2O_3	等离子喷涂 WC	5.51	8	20

英国 HULL 大学的 C. A. Brookes 等人在销盘实验机上对 Si_3N_4、SiC、Mg-PSZ、Y-PSZ 的不同组合做了实验,从磨损量比较,Si_3N_4-SiC、Mg-PSZ-SiC 配对副

的耐磨性最好。

Tempere 大学的 Jari Rämö 等人的研究发现,高压接触下 Si_3N_4-Si_3N_4、涂层 Al_2O_3-涂层 Al_2O_3 配对副磨损严重,Si_3N_4-SiC 配对副磨损较小。

刘惠文等人用 52100 钢球-ZrO_2 盘配对副进行实验得到,水能大幅降低其摩擦系数,ZrO_2 的磨损机理主要是微裂纹和微犁削。

3.7　工程陶瓷用于水液压元件尚存在的问题及解决策略

1. 存在的问题

受工程陶瓷发展水平的制约,工程陶瓷在水液压元件中的使用可靠性仍有待提高。主要问题如下。

(1) 脆性大　这是现有工程陶瓷在应用时的最大弱点,脆性断裂和剥落是其主要失效形式,限制了它在高速高压条件下的使用。离子键和共价键的微观组织结构使它不易在受力时发生类似金属中的晶间滑移,但在工程陶瓷成形制作过程中形成的大量气孔、夹杂、位错和微观裂纹等缺陷将成为应力集中源,在载荷较大或复杂应力状态下,微观裂纹的扩展、互连及与组织固有缺陷的共同作用,最终导致元件的断裂破坏,当元件的尺寸增大时,各种缺陷与之俱增,元件的可靠性也随之降低。

(2) 弯曲强度和抗冲击强度低　因此,工程陶瓷不宜用于工作中存在振动冲击的元件,而受柱塞腔压力脉动、马达或泵启闭、柱塞腔进回水交变等内、外在因素的影响,冲击常常不可避免。

(3) 缺乏针对陶瓷特点的设计方法和设计准则　由于陶瓷的各主要力学性能参数具有概率分布特性,适用于金属的设计准则不适用于陶瓷。

(4) 加工工艺性差　陶瓷元件一般是通过制模、高温烧结成形,再进行机械加工制成,因此难以制作结构形状复杂的零件,硬而脆的特点使得它很难用通常的机加工设备加工,而当它与工程塑料构成摩擦副时,又必须具备很高的表面加工精度;否则,微凸峰对塑料表面有强烈的犁耕切削作用,故实际使用时往往要进行金刚磨或抛光,这就增加了制造成本。

2. 解决的策略

针对上述问题,在设计和使用工程陶瓷零件时,应注意以下几点。

(1) 选用抗冲击强度较高的陶瓷,如通过氧化镁或氧化钇部分稳定的氧化锆在几种常用陶瓷中韧度较高。而从根本上提高工程陶瓷的韧度和抗冲击强度是当务之急,实际上陶瓷研究人员也一直在作这方面的努力,现在已有的增韧方法主要有纤维增韧、晶须或颗粒增韧、晶粒细化等。以 Al_2O_3 陶瓷为例,可以通过加入

ZrO_2、SiC、TiC 等成分提高其韧度。晶须增韧陶瓷切削刀具已得到成功应用。

（2）从设计的角度考虑，由于陶瓷的拉伸强度一般仅为压缩强度的十分之一（铸铁约为三分之一），故宜使元件处于受压状态，尽量减少拉应力和剪切应力，使元件结构上避免出现尺寸突变，增加过渡圆角等。

（3）改进陶瓷的成形工艺，使元件组织尽可能均匀致密，减少各种缺陷。

（4）采用可靠性设计和模糊设计等现代设计方法，而这要建立在对陶瓷材料特性大量实验的基础上，建立相应的数据资料库。

3.8　等离子喷涂陶瓷用于水液压零件应注意的问题

应用表面涂层技术在金属基体上涂覆一薄层工程陶瓷，可以充分发挥金属的高韧度和陶瓷的优良耐磨性。陶瓷涂层应用于水液压元件时需要着重解决以下几个问题。

（1）结合强度　由于摩擦副表面不仅承受很高的接触应力，还会承受一定程度的振动冲击，如果结合强度低，往往出现涂层脱落或剥离。影响涂层结合强度的因素主要有涂层方法、涂层工艺、过渡层有无及材料选择等。在几种可供选用的表面处理方法中，等离子喷涂陶瓷涂层与基体表面间主要为机械结合；而激光表面重熔是冶金结合，结合强度较高；物理或化学气相沉积涂层结合强度高，但基体热变形大，且涂层厚度较薄。

（2）基体材料与涂层材料的适配性　适配性主要是指配对材料的线膨胀系数和导热系数是否相近，相差太大则摩擦副受到热冲击时会在结合界面上产生热应力。Francis E. Kennedy 曾对 Cr_2O_3、WC、$Cr_7C_3 + Cr_3C_2$、TiN 涂层与石墨的干接触磨损和耐海水腐蚀能力进行过实验，涂层基体为 Inconel625 不锈钢，结果，所有涂层均呈现出较金属材料好的耐磨性，但 TiN 的 PVD 涂层因磨损减薄而导致剥落，Cr_2O_3 等离子涂层因为导热差出现热裂失效，而 WC 涂层因为 C 在涂层热处理过程的选择性析出，在与基体结合面处有腐蚀现象，其他涂层均无腐蚀。

（3）致密性　等离子喷涂是将要涂覆的陶瓷粉末在熔融状态（呈微小的液滴状）下以极高的速度击打到基体表面上，成为薄饼状，层层累积叠加的过程，因此，涂层形成过程中会产生许多微小的气孔（见图 3-9），许多气孔互相连接形成细小的通道。当涂层厚度较薄时，常不可避免地存在从涂层表面到结合面的通道，在具有腐蚀性的水中出现界面层的腐蚀，削弱结合强度甚至引起局部剥离。Eugene Medvedovski 在他的研究中发现，气孔对 Al_2O_3 的磨损有不利影响，气孔率为 $0.2\% \sim 0.5\%$ 的 Al_2O_3 较气孔率仅 0.1% 的 Al_2O_3 磨损量大 $20\% \sim 30\%$。除了从工艺上控制涂层的气孔率外，还可以对涂层表面作封闭处理。

（a）表面

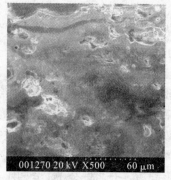
（b）断面

图 3-9　等离子喷涂 ZrO_2 层表面及横断面 SEM 照片

（4）基体的热变形　涂层时若温度太高,常会引起基体的变形或在基体内产生热应力。从物理、化学、力学性能及摩擦学特性来看,SiC、Si_3N_4、Sialon、Al_2O_3,MgO-ZrO_2 均适于做水液压元件的摩擦副材料,但是因为 SiC、Si_3N_4 在等离子喷涂过程中存在严重的氧化,不能保证涂层的成分,故并不适合于等离子喷涂,只能考虑气相沉积或激光重熔。Sialon 是在 Si_3N_4 中加入 Al_2O_3 后,在烧结过程中,Al_2O_3 固溶于 Si_3N_4 形成的,只能考虑制作整体烧结元件,只有氧化物陶瓷适合于等离子喷涂。

（5）涂层内各种组织缺陷的控制,如夹杂,微观裂纹等。

3.9　碳纤维增强聚醚醚酮的摩擦磨损特性实验研究

3.9.1　与工程陶瓷配组

采用氮化硅、氧化锆、氧化铝陶瓷,与碳纤维增强聚醚醚酮(CFRPEEK)分别配组,实验所用 CFRPEEK 包括整体 CFRPEEK 和不锈钢表面注塑 CFRPEEK 两种。

实验在 MMU-10 摩擦磨损实验机上完成,其工作原理如图 3-10 所示。三相异步电动机通过主轴带动上试件逆时针旋转,转速可通过变频器调速系统来控制。上、下试件之间的接触形式为环面接触,由于上试件可通过球铰进行自动调心,故上、下试件能够均匀接触。这种面-面接触形式与斜盘式轴向柱塞泵中的斜盘-滑靴、配流盘-缸体等摩擦副的接触形式相类似,因此,实验结果对于这些摩擦副的材料选择具有直接的参考意义。载荷通过液压系统驱动的液压缸施加,调节液压缸的供油压力即可以改变载荷大小,压力的大小通过压力传感器进行测量,并通过数据采集系统转化为施加于试件上的法向作用力值。上、下试件间的摩擦力传递至水盒会产生回转力矩,通过固定在水盒底部的拉力绳直接作用在一个测力传感器上测定摩擦力矩,并转换为摩擦力输出。实验前水盒中盛水,使试件浸没于水中。

下试件采用热压烧结成形的氮化硅、氧化锆及氧化铝陶瓷,陶瓷表面经过金刚石磨削,表面研磨,表面粗糙度约为 $Ra\ 0.1\ \mu m$。

氧化锆陶瓷成分为 3Y-TZP,材料组分为 95% ZrO_2 + 5% Y_2O_3,粉料粒度 D50 为 1 μm,等静压成形,在硅钼棒烧结炉中无压力烧结,烧结温度为 1 560 ℃。氮化硅陶瓷主要成分为 94% Si_3N_4 + 2% Y_2O_3 + 4%

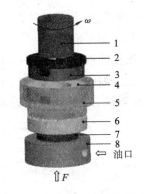

图 3-10　摩擦磨损实验机原理图

1—驱动轴;2—球铰;3—上试件;4—下试件;
5—水盒;6—推力轴承;7—活塞杆;8—液压缸

Al_2O_3,粉料粒度 D50 为 0.7 μm,等静压成形,采用气压烧结,烧结温度为 1 800 ℃,压力为 100 MPa。

上试件采用整体 CFRPEEK 或是在不锈钢基体上熔覆 0.5 mm 厚的 CFRPEEK(碳纤维含量为 30%)制成,然后表面经过精车并用 1 000 号砂纸打磨,表面粗糙度为 $Ra\ 0.15\ \mu m$。上、下试件的外形尺寸分别为 $\phi30 \times \phi22 \times 8$ 和 $\phi39 \times \phi16 \times 8$。表 3-4 给出了实验材料的一些主要物理性能参数。另外,CFRPEEK 在 23℃时的饱和吸水率为 0.3%,实验前将 CFRPEEK 试件在水中浸泡 7 天,使之趋于饱和,以致 24 h 内感量为 0.1 mg 的天平测不出因吸水而产生的质量变化,故在实验过程中塑料的吸水对试件质量的影响可忽略。在下试件底部距摩擦表面 0.5 mm 处安装铂电阻温度传感器,监测摩擦面的温度变化。

表 3-4　试件材料的主要物理性能参数

材　　料	Si_3N_4	ZrO_2	Al_2O_3	CFRPEEK
硬度/HRA	93	88	87	19
密度/(g/cm³)	3.44	5.65	3.90	1.45
气孔率/(%)	<0.001	<0.001	—	—
弹性模量/GPa	310	208	260	5.9
抗拉(压)强度/MPa	3 000	2 800	3 000	67

实验开始前及结束后,将试件分别用水和无水酒精在超声清洗器中清洗干净并吹干,用精度为 0.1 mg 的电子天平对试件进行称重,据此得到磨损量。使用 Quanta 200 型环境扫描电子显微镜对试件表面的磨痕进行微观分析。为了获得

稳定的摩擦系数,每组试件连续运行 210 min。

实验结果如下。

1. 氮化硅陶瓷/覆层 CFRPEEK

保持实验压力 0.45 MPa 不变,图 3-11 所示为不同滑动速度下摩擦系数随时间的变化曲线,图 3-12 所示为滑动速度对摩擦系数的影响曲线。

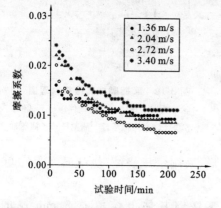

图 3-11　不同滑动速度下摩擦系数随时间
的变化曲线(压力为 0.45 MPa)

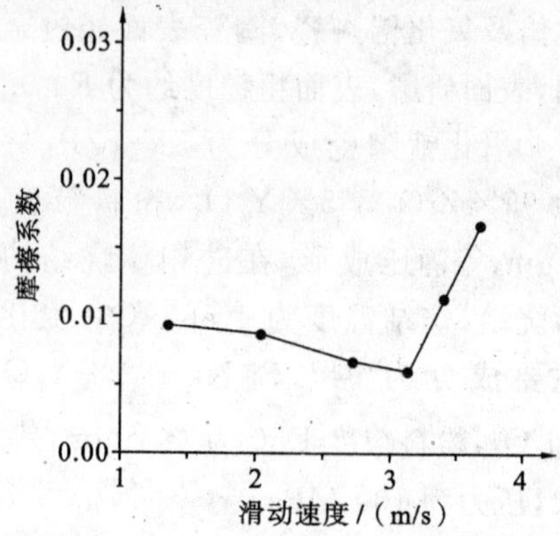

图 3-12　滑动速度对摩擦系数的影响
曲线(压力为 0.45 MPa)

由图 3-11 可以看出,对于每组试件,摩擦系数都呈现从高到低,最后趋向稳定的特征。结合后面对试件微观形貌的分析可以认为,摩擦副开始滑动时由于处于跑合过程,Si_3N_4 陶瓷表面硬度高的粗糙峰对硬度较低的 CFRPEEK 产生较大的机械犁耕作用,由此产生较大的摩擦阻力,而且开始时在陶瓷表面尚没有形成 CFRPEEK 的转移膜,所以摩擦系数较高。大约经过 120 min 后,摩擦系数就基本处于稳定状态。

由图 3-12 可以看到,当滑动速度低于 3.1 m/s 时,随滑动速度增加,摩擦系数呈现降低趋势,如速度由 1.36 m/s 增大至 2.72 m/s 后,摩擦系数降低约 28.5%,这可能是由于随着滑动速度的增加,流体的动压润滑效应增强,改善了表面的润滑状态。但当速度大于 3.1 m/s 后,摩擦系数随滑动速度增加明显升高,伴随摩擦系数升高的另一个现象是摩擦表面温度升高,如滑动速度为 1.36 m/s 时的表面温升是 14 ℃,而速度为 2.72 m/s 时的温升为 26 ℃。这是因为随着速度升高,由摩擦引起的功耗增加,使得摩擦面上的温升增加。由于在摩擦表面的温度会远远高于所测得的近表层温度,可以推测,表面温度升高会降低 CFRPEEK 表面层材料的硬度和弹性模量等力学性能,使材料黏弹性增加,导致由黏弹性引起的切向阻力增加。

图 3-13 给出了滑动速度与材料磨损率之间的关系曲线。在本研究所测量的参数范围内,Si_3N_4 陶瓷与 CFRPEEK 均表现出良好的耐磨特性。CFRPEEK 仅

存在微小的磨损,而测得的 Si_3N_4 陶瓷磨损量大多为负值,显然是由于 CFRPEEK 在磨损过程中出现了向氮化硅表面的转移,且转移膜与陶瓷有良好的结合力。这与国外某些研究所观察到的 CFRPEEK 向 316 L 不锈钢表面的转移现象类似。

图 3-14 所示为当滑动速度(1.36 m/s)保持不变而改变压力时,摩擦系数随时间的变化曲线。可以看到,稳定后的摩擦系数均低于 0.01,且差别不大。而且随着压力的增加,稳定后的摩擦系数呈下降趋势,但当压力高于 0.77 MPa 后摩擦系数升高。当压力为 0.92 MPa 时,跑合时间减少,摩擦系数更快地趋向稳定值。

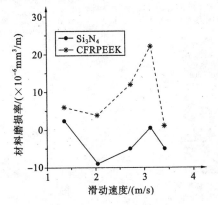

图 3-13　滑动速度与材料磨损率之间的关系曲线(压力为 0.45 MPa)

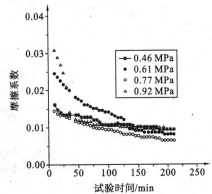

图 3-14　不同压力下摩擦系数随时间的变化曲线(滑动速度为 1.36 m/s)

总体上看,尽管 Si_3N_4 陶瓷及 CFRPEEK 本身的导热性较差,但在水润滑作用下由于水的良好导热性,使得摩擦表面的摩擦热不易积聚,再加上 CFRPEEK 试件的基体为不锈钢,导热性好,所以表面温度得以控制在一定范围内。从 Si_3N_4 陶瓷表面微观特征上看,由于表面存在尺度不一、形状各异的气孔,这些气孔内存在的水有利于局部润滑和散热条件的改善。我们通过在干摩擦条件下所做的一个实验例子(滑动速度为 2.7 m/s,法向压力为 0.45 MPa)发现,摩擦系数约为 0.13,且由于表面温度快速升高而导致 CFRPEEK 表面出现明显的黏着磨损失效。由此充分说明,水的润滑和散热作用对 CFRPEEK 的摩擦磨损性能有重要影响。水的润滑作用除了产生流体动压作用外,还有表面水分子的吸附作用,在 CFRPEEK 组织内存在很多羧基基团,羧基上的氢键具有很强的电极性,因而在表面可以形成一层水分子的吸附膜。接触面上水膜的形成及对润滑的影响机理有待更进一步的研究。

图 3-15、图 3-16 给出了氮化硅和 CFRPEEK 磨损前后的表面形貌显微图片。由图 3-15(a)和图 3-15(b)可见,磨损后陶瓷表面的微小坑洞数量增加,这是由于在摩擦过程中陶瓷颗粒脱落所致。图 3-15(c)所示为陶瓷表面上的 CFRPEEK 转移磨屑,经过表面挤压与陶瓷结合良好。

（a）实验前的Si_3N_4陶瓷表面形貌　　　（b）实验后的Si_3N_4陶瓷磨损表面形貌
（压力为0.45 MPa,滑动速度为3.7 m/s）

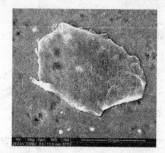

（c）Si_3N_4陶瓷表面CFRPEEK转移磨屑
（压力为0.77 MPa,滑动速度为1.36 m/s）

图 3-15　Si_3N_4 陶瓷表面扫描电子显微镜(SEM)照片

　　主要结论:水润滑条件下,Si_3N_4 陶瓷与覆层 CFRPEEK 组成的摩擦副在较宽的速度、载荷范围内具有很低的摩擦系数和磨损率,一般摩擦系数低于 0.01;速度对摩擦系数的影响大于压力的影响,随着速度的增加,摩擦系数降低,但当速度大于3.1 m/s 后,摩擦系数升高;对摩擦面的微观分析表明,CFRPEEK 的主要磨损形式是材料的黏着磨损,并向 Si_3N_4 陶瓷表面转移,转移膜的形成对降低摩擦系数是有益的;压力和速度的升高将使接触面上的温度升高,并进而使 CFRPEEK 的黏弹性增加,由此导致在切向应力作用下的黏弹性阻力分量增加。

2. 氧化锆陶瓷/整体 CFRPEEK

1）滑动速度的影响

　　保持法向压力为 0.4 MPa 不变,在不同相对滑动速度条件下,测得的摩擦系数随时间的变化曲线如图 3-17 所示,图中速度值为上试件摩擦表面的平均线速度。速度为 1.9 m/s 时,摩擦系数开始时较高,但随着时间的延长快速下降,在 30 min 内就减小了 50% 左右,随后平稳下降,在 160 min 后基本上趋向稳定,这表明,在速度较低时,摩擦副有一个明显的磨合过程。当速度较高时,磨合过程不明显,摩擦系数很快就趋向最后的稳定值,因此摩擦系数几乎是一条直线。在载荷一定的情况

（a）实验前的CFRPEEK表面形貌

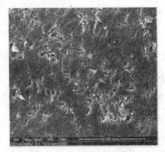

（b）实验后的CFRPEEK磨损表面形貌
(压力为0.45 MPa,滑动速度为2.7 m/s)

（c）实验后的CFRPEEK磨损表面形貌
(压力为0.45 MPa,滑动速度为3.7 m/s)

（d）实验后的CFRPEEK磨损表面形貌放大图像
(压力为0.45 MPa,滑动速度为3.7 m/s)

图 3-16　CFRPEEK 表面 SEM 照片

下,随着滑动速度的增加,摩擦系数呈下降趋势,在速度较低时,下降梯度大,当滑动速度大于 2.8 m/s 时,尽管摩擦系数随速度增加有降低趋势,但变化都很小。

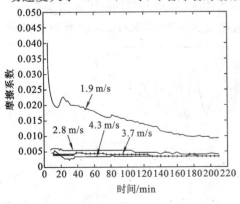

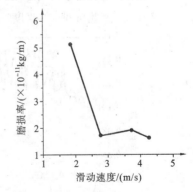

图 3-17　摩擦系数随时间的变化曲线　　图 3-18　滑动速度对 CFRPEEK 磨损率的影响

　　图 3-18 所示为法向压力为 0.4 MPa 时,CFRPEEK 的磨损率与滑动速度之间的关系,在较低速度时磨损率较高,但随着速度增加磨损率明显下降,并相对稳定。总体上看 CFRPEEK 磨损率很小,表现出良好的耐磨性能。但当滑动速度超过某

一临界值后(本研究中速度在 4.6 m/s 左右),摩擦系数和 CFRPEEK 磨损率剧烈增加,并伴随出现温度显著升高的现象。检查发现,CFRPEEK 表面出现熔化状态,表明在较高的表面 pv 值下,由于摩擦功耗增加,表面温度升高并达到了 CFRPEEK 的熔化温度。

在实验中,氧化锆陶瓷基本上测不出磨损量,在滑动速度为 4.3 m/s 时,氧化锆磨损量测得为负值,这表明,在摩擦过程中有 CFRPEEK 转移到了氧化锆陶瓷表面。

2) 压力的影响

图 3-19 所示为保持滑动速度 1.9 m/s 不变,在不同压力下测得的摩擦系数随时间的变化曲线。可以看出,当压力较低时,摩擦系数随时间也表现出明显的"跑合"过程,开始阶段摩擦系数从较大值迅速下降并很快趋向稳定值,且稳定后的摩擦系数很低,压力变化对稳定后的摩擦系数影响较小。但当压力较大时(如图中压力 0.8 MPa 的情形),摩擦系数不仅很高而且随时间发生较大幅度的振荡现象,实验中测得的温升也比较明显。结合后面的表面磨损形貌分析认为较高载荷下摩擦系数不能趋向稳定的主要原因是:由于接触压力较高,摩擦功耗增加,而 CFRPEEK 和氧化锆陶瓷导热性均较差,导致热量在表面积聚,引起表面较高的温升,甚至超过 CFRPEEK 的熔点,导致 CFRPEEK 表面层熔化,在切向摩擦力作用下,CFRPEEK 很容易发生局部黏着撕脱,脱落的 CFRPEEK 或者黏附在陶瓷表面,或者存在于接触面上形成磨粒。这种黏着过程在摩擦过程中总是随机且频繁地发生着,由此引起摩擦系数波动,并伴随产生大量的微细磨屑,CFRPEEK 磨损量增大,由于黏着和表面粗糙度增加,摩擦力较大。在滑动速度为 1.9 m/s,压力分别为 0.8 MPa、0.5 MPa 和 0.4 MPa 时,CFRPEEK 的磨损量依次为 258.6 mg、3.9 mg、1.2 mg。由此可见,在速度一定时接触压力对 CFRPEEK 的磨损量影响

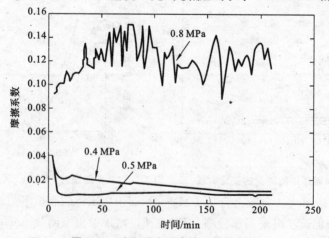

图 3-19 法向压力对摩擦系数的影响

较大,压力越高磨损量越大,且压力超过某一临界值后磨损量增加很快。

3)磨损表面的形貌分析

压力 0.4 MPa、滑动速度 4.3 m/s 下氧化锆和 CFRPEEK 磨损后的表面 SEM 照片如图 3-20(a)、(b)所示。在氧化锆表面存在一些不连续的形状大小不一的 CFRPEEK 磨屑,有的在经过挤压后与陶瓷表面形成比较好的结合,陶瓷表面上的这些稳定 CFRPEEK 转移膜,有利于降低摩擦,更重要的是水有利于散热且起到润滑作用,因此所测得的摩擦系数很小。在一定范围内滑动速度增加有利于润滑膜的形成,故摩擦系数随滑动速度增加有下降趋势,这与前面提到的水润滑可以有效降低摩擦的结论是一致的。由图 3-20(b)可见,在 CFRPEEK 表面上存在一些机械切削产生的已经脱落或尚未脱落的薄片状切屑。

图 3-20(c)、(d)所示是压力 0.8 MPa、滑动速度 1.9 m/s 下的氧化锆和 CFR-PEEK 磨损后的表面 SEM 照片。在氧化锆的磨损面上形成了类似疲劳点蚀的现象。点蚀坑的形成与循环应力的作用有关,在接触压力大时,应力作用导致表层的陶瓷晶粒在晶界上形成微裂纹(见图 3-20(c)中对区域 A 的放大),在应力反复作用下裂纹扩展,导致陶瓷颗粒松动而脱落。由图 3-20(d)可见,在较高的 pv 值下,因为温升增加,水膜不易形成,表面处于直接接触,CFRPEEK 表面发生熔化,表层

（a）氧化锆表面的CFRPEEK转移磨屑　　　　（b）CFRPEEK磨损表面微观图像
（压力为0.4 MPa, 滑动速度为4.3 m/s）　　　（压力为0.4 MPa, 滑动速度为4.3 m/s）

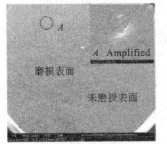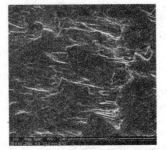

（c）氧化锆磨损表面微观图像　　　　　　（d）CFRPEEK磨损表面微观图像
（压力为0.8 MPa, 滑动速度为1.9 m/s）　　　（压力为0.8 MPa, 滑动速度为1.9 m/s）

图 3-20　氧化锆和 CFRPEEK 磨损后的表面形貌

材料出现严重的黏着撕脱现象,较软材料被撕脱后造成碳纤维暴露在表面,表面变粗糙,使摩擦系数变大。

3. 氧化铝陶瓷/整体 CFRPEEK

图 3-21 所示为氧化铝陶瓷/整体 CFRPEEK 试件在法向压力为 1.3 MPa 时,不同滑动速度下摩擦系数的测量曲线。可见,随时间增加,氧化铝陶瓷/整体 CFRPEEK 试件的摩擦系数出现与前面陶瓷实验类似的"磨合"现象,最后趋向稳定。随着滑动速度的增加,摩擦系数仍呈下降趋势。但滑动速度较高时,摩擦系数出现随时间的脉动现象,这表明,速度较高时摩擦系数并不稳定,此时,伴随出现表面温升增加过程,CFRPEEK 受热影响导致摩擦状态出现变化。总体上看,摩擦系数很小,如:滑动速度为 1.9 m/s 时,摩擦系数稳定后为 0.002 8;滑动速度为 2.2 m/s 时,摩擦系数为 0.006 2;滑动速度为 1.5 m/s 时,摩擦系数为 0.008 4。表明接触面上存在良好的水润滑作用。

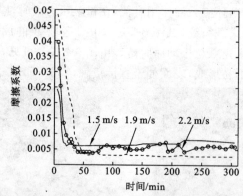

图 3-21　滑动速度对摩擦系数的影响(法向压力为 1.3 MPa)

图 3-22 所示为 99%氧化铝陶瓷和 CFRPEEK 在滑动速度为 1.09 m/s 时,压

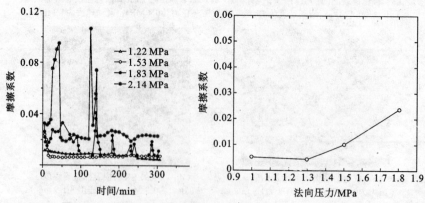

图 3-22　法向压力对摩擦系数的影响(滑动速度为 1.09 m/s)

力对摩擦系数的影响。压力较低时,摩擦系数受压力变化影响较小,且很稳定,但压力较高时,摩擦系数随压力增加而上升,且摩擦力出现明显的波动,压力越大,这种波动就越剧烈。研究发现,压力较高时 CFRPEEK 向陶瓷表面的黏着转移增加,磨屑增加。原因在于随着法向压力的增加,表面温度升高,使得塑料变软,黏性剪切作用增加,摩擦力变大,这与实验记录中的温度很高相符。

图 3-23 所示为 99% 氧化铝陶瓷和 CFRPEEK 在滑动速度为 1.5 m/s 时,压力对材料磨损率的影响曲线。压力较低时氧化铝陶瓷和 CFRPEEK 的磨损率受压力影响较小,但压力较高时,磨损率增加。这是因为随着法向压力的增加,温度升高,塑料变软,从而导致磨损率增大。

图 3-24 所示为 99% 氧化铝陶瓷和 CFRPEEK 磨损前后的表面微观形貌图片。氧化铝陶瓷的表面是不连续的钝性颗粒状,滑动过程中硬颗粒对塑料有机械

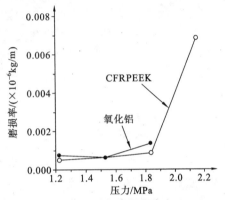

图 3-23　压力对氧化铝陶瓷和
CFRPEEK 的磨损率影响

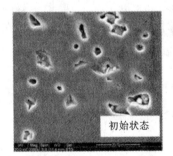

(a) 氧化铝表面

(b) CFRPEEK表面

图 3-24　氧化铝陶瓷和 CFRPEEK 磨损前后的表面微观形貌

犁耕和反复碾压的作用。由图中可以看出,塑料磨屑留存在氧化铝陶瓷中,即发生了材料转移,因此,CFRPEEK 的主要磨损机理是机械犁耕和切削作用。

3.9.2　与不锈钢配组

设计水液压元件时,在铁基金属中可供选择的材料主要是各类不锈钢,但一般不锈钢的硬度较低,通常的热处理方法不能显著提高其表面硬度,因此,用作摩擦副材料并不适合,这通过以下的研究可以证实。

实验所选用的不锈钢包括沉淀硬化不锈钢(17-4PH)、2Cr13 和 316L,试件经过固溶热处理以提高其表面硬度。

以下是对 316L 双相不锈钢/CFRPEEK 的研究结果。

在实验压力为 1.22 MPa、1.53 MPa,速度为 1.09 m/s 时,试件振动剧烈,并且发生剧烈的黏着磨损,产生较多尺寸较大的片状 CFRPEEK 磨屑。

图 3-25 所示为法向压力为 0.6 MPa 时,摩擦系数随着滑动速度的变化曲线。摩擦系数随时间呈下降趋势,滑动速度增加,摩擦系数也减小,但在速度较高时,速度对摩擦系数的影响就不明显了。与陶瓷不同的是,摩擦系数在经过较长时间后尽管也趋向某一稳定值,但不如陶瓷的稳定性好。

如图 3-26 所示,在滑动速度 v 为 1.09 m/s 的情况下,摩擦系数随着法向压力的增加而升高。当压力为 0.8 MPa 时,摩擦系数波动较大,这表明,在压力较大时表面摩擦状态不稳定。

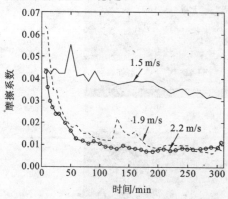

图 3-25　滑动速度对摩擦系数的影响
　　　　　（法向压力为 0.6 MPa）

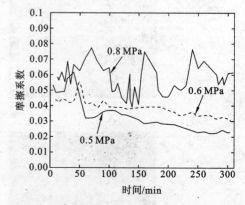

图 3-26　法向压力对摩擦系数的影响
　　　　　（滑动速度为 1.09 m/s）

图 3-27 所示为磨损后的试件表面形貌。可以看到,在 CFRPEEK 表面存在很多机械微犁沟,并有磨屑存在。实验结束后,发现 316L 表面有明显的环形磨痕,磨痕的产生主要是源于 CFRPEEK 内碳纤维在压力作用下的机械磨损,部分

不锈钢磨屑由于挤压而镶嵌在塑料表面,这与陶瓷显著不同,塑料转移到不锈钢表面的较少。

（a）CERPEEK 表面

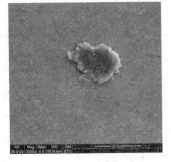
（b）316L 表面

图 3-27　316L/CFRPEEK 磨损后表面形貌(法向压力为 0.6 MPa,滑动速度为 1.09 m/s)

3.9.3　与铝青铜配组

在各类非铁合金材料中,铜合金被广泛地用作减摩或轴承材料。

图 3-28 所示为铝青铜/整体 CFRPEEK 在法向压力为 0.92 MPa 的情况下,滑动速度对摩擦系数的影响。与前面很多研究类似,在一定的速度范围内,摩擦系数随速度增加而下降。但该配对副的摩擦系数波动并不像陶瓷材料那样随时间的延长而减小,这种波动几乎贯穿于整个实验过程,且速度低时的波动幅度较速度高时的波动幅度大。

图 3-29 所示为在法向压力为 0.92 MPa 时滑动速度对材料磨损率的影响曲线。由图可以看到:随速度增加,铝青铜磨损率开始呈明显下降趋势,但速度较

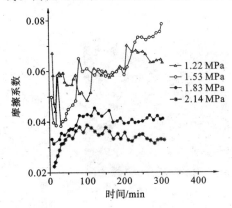

图 3-28　滑动速度对 QA19-4/CFRPEEK 摩擦
系数的影响(压力为 0.92 MPa)

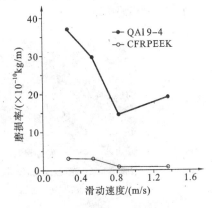

图 3-29　滑动速度对 QA19-4/CFRPEEK 磨
损率的影响(压力为 0.92 MPa)

高时,磨损率增加;速度对 CFRPEEK 磨损率的影响不大,速度增加磨损率有略微减小的趋势。铝青铜的磨损机理类似于 316L 不锈钢,主要是由于塑料中的碳纤维硬度和强度均高于铝青铜,且铝青铜的硬度较低,塑性高,摩擦过程中碳纤维对铝青铜产生磨损,在 CFRPEEK 表面存在较多微细的铝合金磨屑。

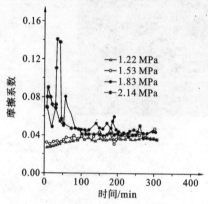

图 3-30 压力对 QAl9-4/CFRPEEK 摩擦系数的影响(滑动速度为 1.09 m/s)

图 3-30 所示为在滑动速度为 1.09 m/s 的情况下,摩擦系数随着法向压力变化的测量结果。由图可以看到,摩擦系数基本上维持在 0.035～0.044 之间,因此,压力对摩擦系数的影响较小。但随着压力增加,摩擦系数的不稳定现象愈加明显,例如在压力为 1.22 MPa 时,压力波动增加,摩擦表面温度升高,实验过程中在水中发现 CFRPEEK 的磨屑。由于表面温升会导致铝青铜和 CFR-PEEK 表面的硬度下降,塑性增加,因此,表面的机械磨损及铝青铜表面材料的塑性变形更容易发生。实验发现,在摩擦系数较高及表面温升较高的情况下,如果改善散热条件(如更换润滑水),摩擦系数会有明显的下降现象,这表明,在摩擦功耗较高的条件下,改善散热条件对减小摩擦磨损有重要作用。

图 3-31 给出了铝青铜/整体 CFRPEEK 磨损后的表面形貌照片,可见,在 CFRPEEK 表面镶嵌着很多肉眼可见的铜屑。从图 3-31(b)中可看出,铝青铜表面有犁沟,这是由于在对磨过程中,铝青铜较软,受到碳纤维的切削。铝青铜的主要磨损形式为磨粒磨损和微切削。

　　　　(a) CFRPEEK表面　　　　　　　　(b) QAl9-4表面

图 3-31 试件磨损后扫描电镜图(法向压力为 0.8 MPa,滑动速度为 1.09 m/s)

3.10　等离子喷涂陶瓷涂层的摩擦特性研究

等离子喷涂所用陶瓷涂层材料的主要性能见表 3-5。

表 3-5　等离子喷涂所用陶瓷材料的主要性能

涂层材料	硬度 /HRC	密度 /(g/cm³)	弹性模量 /GPa	弯曲强度 /MPa	结合强度 /MPa	气孔率 /(%)
$Al_2O_3 \cdot 20\%TiO_2$	63	3.5	363	340	15～16	6～10
$Al_2O_3 \cdot 40\%TiO_2$	63	3.5	380	475	15～16	6～10
$ZrO_2 \cdot MgO$	30～31	5～5.3	196	1 180	20	6～10
纳米 ZrO_2	25～30	5	210	1 250	7.2～20	5～7
$Cr_2O_3 \cdot 5SiO_2 \cdot 3TiO_2$	70	4.9	286	230	25	5

与等离子喷涂材料配组的材料采用先进聚合物复合材料。主要研究结果如下。

1) 等离子喷涂 $Al_2O_3 \cdot 20\%TiO_2$ 涂层和 $Al_2O_3 \cdot 40\%TiO_2$ 涂层分别与酚醛树脂和 PEEK 组合

摩擦系数曲线如图 3-32 所示。

(1) $Al_2O_3 \cdot 20\%TiO_2$ 涂层与酚醛树脂配对　当转速一定时，随着载荷增加，摩擦系数相应增加；当载荷一定，但小于 300 N(0.92 MPa)时，随着转速增加，摩擦系数基本保持不变，在载荷为 450 N(1.38 MPa)时，随着转速增加，摩擦系数先下降后上升。

(2) $Al_2O_3 \cdot 20\%TiO_2$ 涂层与 PEEK 配对　摩擦系数比较稳定，基本不受载荷和转速的影响，摩擦系数只有 0.02～0.03，它与 PEEK 配对有优良的减摩特性。

(3) $Al_2O_3 \cdot 40\%TiO_2$ 涂层与酚醛树脂配对　当转速一定时，载荷对摩擦系数的影响尤其明显，载荷越大，摩擦系数越大；当载荷一定，但小于 400 N(1.22 MPa)时，转速增加，摩擦系数基本保持不变，当载荷大于 500 N(1.53 MPa)时，摩擦系数随着转速的增加呈上升趋势。

(4) $Al_2O_3 \cdot 40\%TiO_2$ 涂层与 PEEK 配对　当转速一定时，随着载荷增加，摩擦系数增加；当载荷分别固定在 200 N 至 400 N 时，摩擦系数随着转速升高而降低，载荷在 500 N 时，摩擦系数却呈上升趋势。$Al_2O_3 \cdot 40\%TiO_2$ 涂层与 PEEK 配对时的摩擦系数基本在 0.03～0.05 之间，比 $Al_2O_3 \cdot 20\%TiO_2$ 涂层与 PEEK 配对时要高。

综上所述，对于氧化铝涂层，PEEK 的摩擦性能要优于酚醛树脂，$Al_2O_3 \cdot 20\%TiO_2$ 涂层与 PEEK 表现出优异的摩擦特性，载荷和转速对摩擦系数影响不大。比较工程塑料与 $Al_2O_3 \cdot 20\%TiO_2$ 涂层和 $Al_2O_3 \cdot 40\%TiO_2$ 涂层配

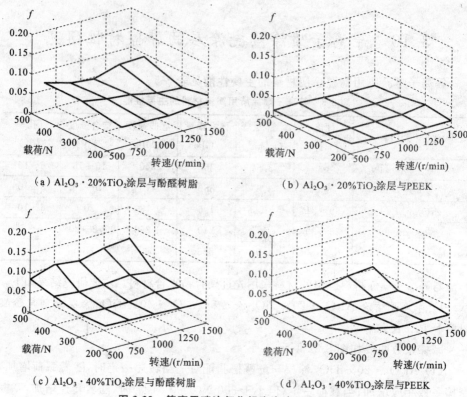

（a）$Al_2O_3 \cdot 20\%TiO_2$涂层与酚醛树脂　　　　　　（b）$Al_2O_3 \cdot 20\%TiO_2$涂层与PEEK

（c）$Al_2O_3 \cdot 40\%TiO_2$涂层与酚醛树脂　　　　　　（d）$Al_2O_3 \cdot 40\%TiO_2$涂层与PEEK

图 3-32　等离子喷涂氧化铝陶瓷涂层实验结果

对情况，$Al_2O_3 \cdot 20\%TiO_2$ 涂层有较好的耐磨特性。

　　观察磨损后的试件表面，PEEK 有几道以试件中心为圆心的摩擦痕迹，有明显的塑料涂抹迹象，酚醛树脂表面则有少许粉末状细小磨屑，酚醛树脂表面被磨光亮呈光滑镜面。酚醛树脂主要以黏着磨损和磨粒磨损为主，PEEK 表面主要以机械切削和磨粒磨损为主。

　　从磨损量统计结果看，$Al_2O_3 \cdot 40\%TiO_2$ 涂层/PEEK 的磨损量要稍大于 $Al_2O_3 \cdot 20\%TiO_2$/PEEK 的磨损量；从摩擦系数和磨损量两方面来考虑，$Al_2O_3 \cdot 20\%TiO_2$ 涂层摩擦学特性要优于 $Al_2O_3 \cdot 40\%TiO_2$ 涂层。

　　2）$ZrO_2 \cdot MgO$ 涂层和纳米 ZrO_2 涂层分别与酚醛树脂和 PEEK 配对

　　摩擦系数曲线如图 3-33 所示。

　　$ZrO_2 \cdot MgO$ 涂层与酚醛树脂配对时摩擦系数受载荷影响很明显：在载荷不超过 300 N 时，随着转速的升高摩擦系数基本不变，摩擦系数在 0.05 左右；当载荷超过 400 N、速度超过 1 000 r/min 时，摩擦系数上升较大，主要是由于散热性能不好导致的。$ZrO_2 \cdot MgO$ 涂层与 PEEK 配对时在水中摩擦系数稳定，在 0.03～

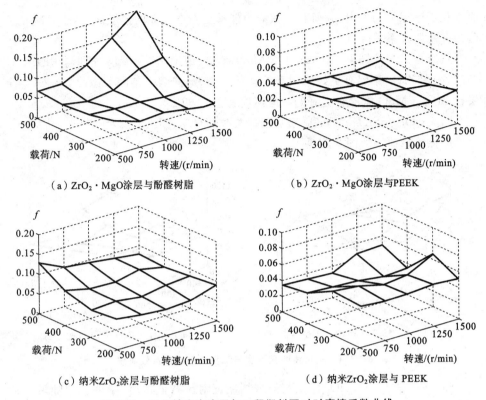

图 3-33　氧化锆陶瓷涂层与工程塑料配对时摩擦系数曲线

0.04 范围内,摩擦系数几乎不受转速和载荷影响。

纳米 ZrO_2 涂层分别与酚醛树脂、PEEK 配对时的摩擦曲线有较大差别:当转速不变但在 1 000 r/min 以下时,随着载荷增大,纳米 ZrO_2 涂层与酚醛树脂配对时摩擦系数呈上升趋势,转速在 1 000 r/min 以上时,随着载荷增大,摩擦系数呈下降趋势;当载荷不变,但压力小于 400 N 时,随着转速增加,摩擦系数呈上升趋势,在压力为 500 N 时,随着转速增加,摩擦系数呈下降趋势。对于纳米 ZrO_2 涂层与 PEEK 配对副,当转速不变、载荷增大时,摩擦系数先增加后降低;当载荷不变、转速增加时,摩擦系数呈上升趋势。

比较酚醛树脂、PEEK 分别与陶瓷涂层配对时的摩擦系数曲线,可以看出 PEEK 有更好的摩擦特性;比较 ZrO_2 · MgO 涂层、纳米 ZrO_2 涂层分别与工程塑料配对时的摩擦曲线,可以看出纳米 ZrO_2 涂层有更好的摩擦特性。

在水润滑条件下 PEEK 磨痕表面仅有细微的犁沟,酚醛树脂表面相当平滑。在水润滑条件下,氧化锆陶瓷初期磨损的主要机理是微裂纹,微裂纹产生的细小磨屑在继续滑动中又造成微犁削,从而使陶瓷发生轻微磨损。由于水润滑下的滑动表面比干摩擦下的平滑,载荷和摩擦应力能够分布在较大的接触面上,于是减轻了磨损并使摩擦系数降低。

从磨损量统计结果分析,$ZrO_2 \cdot MgO$ 涂层、纳米 ZrO_2 涂层分别与 PEEK 对磨时,纳米 ZrO_2 涂层有更好的耐磨性。从摩擦、磨损两个角度考虑,纳米 ZrO_2 涂层比 $ZrO_2 \cdot MgO$ 涂层有更好的减摩耐磨特性。

3) $Cr_2O_3 \cdot 5SiO_2 \cdot 3TiO_2$ 涂层分别与酚醛树脂、PEEK 配对

摩擦系数曲线如图 3-34 所示。

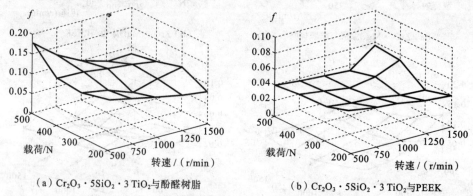

（a）$Cr_2O_3 \cdot 5SiO_2 \cdot 3TiO_2$ 与酚醛树脂　　　（b）$Cr_2O_3 \cdot 5SiO_2 \cdot 3TiO_2$ 与PEEK

图 3-34　氧化铬陶瓷涂层与工程塑料摩擦系数曲线

$Cr_2O_3 \cdot 5SiO_2 \cdot 3TiO_2$ 涂层与酚醛树脂配对副在低速时,摩擦系数随着载荷增加先减小后增大,在高速时却先增大后减小,摩擦系数随转速的上升而有所减小。转速一定时,随着载荷的增加,$Cr_2O_3 \cdot 5SiO_2 \cdot 3TiO_2$ 涂层与 PEEK 摩擦系数先减小后增大,当载荷一定时,摩擦系数随着转速增加而减小,但是在压力超过400 N、转速超过 1 000 r/min 时,摩擦系数又开始上升。

从磨损统计结果看,氧化铬涂层对塑料的涂抹较少,与之配对的 PEEK 塑料磨损量很小。

从磨损后的 PEEK 表面看到出现许多细密的擦痕和较多很小的凹坑。这与陶瓷材料自身的独特物理特性有关,陶瓷的硬度和抗压强度较金属大得多,而韧度不足,这决定了加工后的陶瓷表面不会存在尖锐的微凸峰,而是相对圆钝的微凸峰。因此,当陶瓷在压力作用下与塑料接触时,塑料表面的微凸峰发生弹塑性变形,所以 PEEK 表面出现犁耕痕迹,实际是在正应力和剪应力作用下的塑性变形。同时,在压力和速度均较高的情形下,摩擦生热增加,对于均为热的不良导体的陶瓷和塑料,接触面间的瞬间温升要比与导热良好的金属组合大得多,塑料的高温稳定性本来就差,温升使塑料强度、弹性模量降低,使塑料更容易产生变形。此外,在陶瓷表面有大量的在喷涂过程中形成的气孔和加工过程中形成的凹谷,PEEK 在

与陶瓷表面相互作用中对陶瓷表面形成塑性涂抹,并在气孔和凹坑中积聚,在陶瓷表面形成不连续的转移膜。陶瓷涂层中陶瓷颗粒间的结合力主要是机械结合,表面突出的颗粒在反复挤压剪切作用下,会有部分颗粒脱落形成游离的硬质磨料,陶瓷颗粒被困于两摩擦表面间,在很高的挤压力下被压入 PEEK 表面,而钝性的颗粒与 PEEK 的结合并不稳固,在随后的摩擦过程中极易脱落,形成 PEEK 表面的压陷凹坑。

3.11　等离子渗氮不锈钢的摩擦磨损特性

1. 试件制备方法

不锈钢 1Cr18Ni9Ti 表面等离子渗氮的渗氮层厚度不小于 10 μm,表面硬度大于 60 HRC,摩擦面经金相砂纸抛光,表面粗糙度值小于 $Ra0.2$ μm。对偶件为在不锈钢基体上注塑碳纤维增强聚醚醚酮(CFRPEEK)。

2. 实验结果分析

图 3-35 至图 3-37 所示为在法向作用压力一定的条件下,滑动速度对摩擦系数和温升的影响。由图 3-35 可以看到,在法向压力为 0.46 MPa 时,摩擦系数较

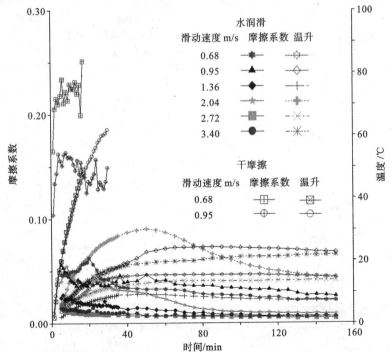

图 3-35　法向压力 0.46 MPa 时滑动速度对摩擦系数与温升的影响

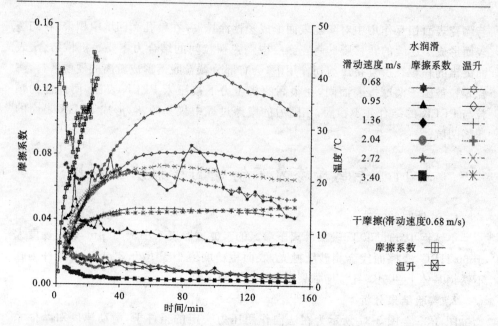

图 3-36　法向压力 0.61 MPa 时滑动速度对摩擦系数与温升的影响

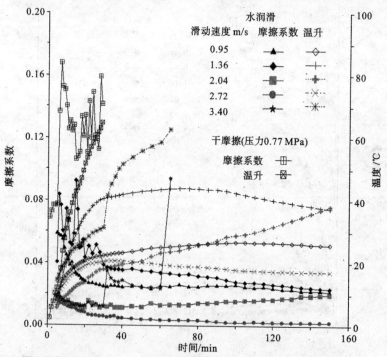

图 3-37　法向压力 0.77 MPa 时滑动速度对摩擦系数与温升的影响

小,不到 0.05,且变化稳定,在实验后半段,摩擦系数几乎不变。在线速度为 0.68 m/s 和 0.96 m/s 时的摩擦系数高于其他三种线速度的情况,这三种线速度下稳定的摩擦系数比较接近。在 0.95~1.36 m/s 的线速度之间,摩擦系数有一个急剧上升的变化。从温度曲线可以看出,温度逐渐变大,然后趋于稳定,温升值在 200 ℃ 左右。我们还对比做了两组干摩擦实验,发现在实验进行到约 30 min 时,由于摩擦力跳动很大,以致实验无法继续。干摩擦情况下摩擦系数较之水润滑大很多而且不稳定,温度上升很快且温升值很大。对实验后的试件表面分析发现,表面有大量 PEEK 磨屑,不锈钢摩擦面有烧伤现象,这说明水对试件的润滑冷却作用明显。

由图 3-36 可知,在 0.61 MPa 的法向压力下,摩擦系数随线速度增加而减小,在速度为 3.4 m/s 时最小,速度为 1.36 m/s、2.04 m/s、2.721 m/s 时,摩擦系数变化很小,速度为 0.68 m/s、0.95 m/s 时摩擦系数较大,除了速度为 0.68 m/s 时摩擦力有一定跳变外,其他几组的摩擦力变化都很稳定。摩擦系数越大,温升值也越大。在相应的干摩擦实验中,摩擦力跳变很大,温度上升很快,实验难以持久,实验结束时亦发现试件表面产生大量 PEEK 颗粒,不锈钢摩擦面有烧伤现象。

由图 3-37 可知,法向压力为 0.77 MPa 时,不同线速度的摩擦系数有很大区别,温升变化也存在很大区别。线速度较大时摩擦系数较小,但因为摩擦功耗并不小,故水温反而增加较快。

图 3-38 所示为不同压力下速度对摩擦系数的影响。由图中可以看出:在 0.46 MPa 和 0.61 MPa 时,当线速度较小时摩擦系数较大,线速度较大时摩擦系数较小且比较接近;当压力为 0.77 MPa 时,摩擦系数随线速度的增加有下降趋势,当线速度增大到 3.40 m/s 时,由于搅水带来的热量增多,温升增大,对摩擦系数也带来了影响。

图 3-39 所示为不同压力下滑动速度对不锈钢线磨损率的影响。由图可知,该组配对材料的磨损率很低,相比先前研究所用材料组合,具有更好的摩擦磨损性能。

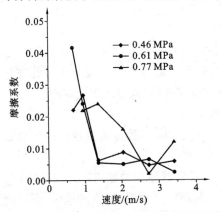

图 3-38　不同压力下速度对摩擦系数的影响

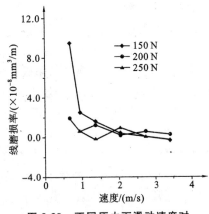

图 3-39　不同压力下滑动速度对不锈钢线磨损率的影响

第4章　金属腐蚀与常见的耐蚀金属材料

对于水液压元件的材料,最基本的要求是耐腐蚀。按腐蚀机理,金属材料的腐蚀分为化学腐蚀和电化学腐蚀,按腐蚀的环境条件分为干腐蚀和湿腐蚀。水液压元件和系统中的腐蚀属于电化学腐蚀、湿腐蚀。本章将概要介绍在水环境中,特别是海水中金属材料的腐蚀机理、常见耐蚀金属的类型及腐蚀特点,以供水液压元件设计参考选用。

4.1　海水的特性及腐蚀特点

海水的成分复杂,几乎含有地球上的所有元素。海水的电导率为 4 S/m,是淡水的 200 多倍,腐蚀性远强于淡水。海水中的主要盐类有:NaCl(约 78%),$MgCl_2$(约 11%),$MgSO_4$(约 5%),$CaSO_4$(约 4%),K_2SO_4(约 2%)。在海水的阴离子中,Cl^- 约占 55%,是造成海水腐蚀性强的主要原因。除含有大量盐类外,海水中还有海洋生物和腐败的有机物。海水的 pH 值通常为 8.1~8.3,随海水深度变化。海水温度一般为 -2~35 ℃。海水的主要性能还受所处地理位置、季节变化、水生生物生长情况等因素的影响,图 4-1 所示为美国海军对太平洋某地测量得到的海水中溶解氧、pH 值及盐分与水深的关系图。

影响海水腐蚀性的主要因素有:pH 值、盐度、流速、氧溶解量、温度、海洋生物种类及密度等。

海水腐蚀的电化学过程有以下主要特征。

(1) 由于海水中富含的氯离子对金属钝化过程有破坏和阻碍作用,因此,对大多数金属来说,海水腐蚀的阳极化阻滞作用很小。氯离子对金属钝化膜的破坏主要是通过穿透、吸附、电场效应和络合作用,即使不锈钢也很难避免局部腐蚀。

(2) 海水腐蚀的主要阴极过程是氧的去极化过程。

(3) 海水是良好的电解质,因此腐蚀的电阻值小,异种金属接触会产生显著的电偶腐蚀。

(4) 当金属表面钝化膜局部被破坏后,会发生缝隙腐蚀或点蚀等局部腐蚀。

通常,把海洋腐蚀环境划分为海洋大气带、海洋飞溅带、海水潮差带、海水全浸带和海泥带。对于海水液压水下作业工具系统,主要属于全浸条件下的腐蚀,即使是全浸腐蚀,在浅水区、大陆架区、深海区的腐蚀状况也有差别。

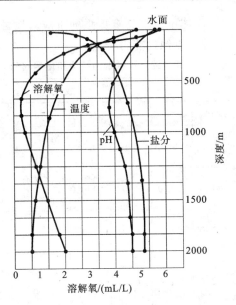

图 4-1　海水溶解氧、pH 值、盐分与水深的关系(太平洋)

4.2　不锈钢在海水中的腐蚀

4.2.1　不锈钢的分类

不锈钢是指 Cr 含量 12% 以上并在无污染的大气条件下耐腐蚀的铁基合金，它是通过 Cr 氧化后在金属表面上形成一薄层致密的 Cr_2O_3 阻止周围介质的进一步侵入。

目前，列为不锈钢的合金多达 170 多种，而且每年还会增加一些新种类。为了改善不锈钢的某些性能，如切削性能、耐蚀性能，常在不锈钢中添加 Ni、Mo、Ti 等元素。

一般按照金属结晶组织的形态特点将不锈钢分为：奥氏体不锈钢、铁素体不锈钢、马氏体不锈钢、双相不锈钢和沉淀硬化不锈钢。

部分国产不锈钢的类型和化学成分参见表 4-1。

奥氏体不锈钢分为含镍不锈钢、Ni-Mn-N 不锈钢及高合金钢等。高合金钢是指铁含量低于 50% 且合金化程度较高的奥氏体不锈钢，分为 Ni-Cr-Fe 合金和 Ni-Cr-Fe(Mo、Cu、Nb)合金。

双相不锈钢大约含 28% 的铬和 6% 的镍，主要组织为奥氏体和铁素体。双相不锈钢的组织结构使应力腐蚀裂纹难以扩展，在退火状态下，双相不锈钢被认为要比某些合金含量较低的奥氏体不锈钢具有更强的抗应力腐蚀性能，其抗敏化性能亦较好，但它的抗缝隙腐蚀和点蚀的能力较差。

表 4-1　部分国产不锈钢的类型和化学成分

牌　号	化 学 成 分								
	C	Mn	Si	P	S	Ni	Cr	Mo	其他
1Cr17 (铁素体型)	$=0.12$	$=1.00$	$=0.75$	$=0.035$	$=0.030$	允许含有 $w_{Ni}=0.6$	$16.00\sim 18.00$	—	
1Cr13 (马氏体型)	$=0.15$	$=1.0$	$=1.0$	$=0.035$	$=0.030$	允许含有 $w_{Ni}=0.6$	$11.5\sim 13.5$		
2Cr13 (马氏体型)	$0.16\sim 0.25$	$=1.0$		$=0.035$	$=0.03$		$12\sim 14$		
1Cr18Ni9Ti (奥氏体型)	$=0.12$	$=2.0$	$=1.0$	$=0.035$	$=0.03$	$8.0\sim 10.0$	$17.0\sim 19.0$	—	Ti:5× $(w_C\sim0.02)$ ~0.8
00Cr19Ni10 (奥氏体型)	$=0.03$	$=2.0$	$=1.0$	$=0.035$	$=0.03$	$9.0\sim 13.0$	$18.0\sim 20.0$		—
0Cr17Ni4Cu4Nb (沉淀硬化型)	$=0.07$	$=1.00$	$=1.00$	$=0.035$	$=0.030$	$3.00\sim 5.00$	$15.50\sim 17.50$	—	Cu:3.00~5.00 Nb:0.15~0.45
0Cr18Ni12MoTi (奥氏体型)	$=0.08$	$=2.0$	$=1.0$	$=0.035$	$=0.03$	$11.0\sim 14.0$	$16.0\sim 19.0$	$1.8\sim 2.5$	Ti:5× $(w_C\sim0.7)$
00Cr18Ni5Mo3Si2 (奥氏体-铁素体型)	$=0.03$	$1.0\sim 2.0$	$1.3\sim 2.0$	—	—	—	—	$2.5\sim 3.0$	—

马氏体不锈钢经过淬火和回火后能够提高强度和硬度，因此，常被用于要求有适当的耐蚀性，同时具有较高力学性能的场合，如兼有高强度、耐磨性。

沉淀硬化不锈钢可分为沉淀硬化马氏体、沉淀硬化半奥氏体和沉淀硬化奥氏体不锈钢三类。其中沉淀硬化马氏体不锈钢通常以马氏体状态供货，成品只要经过简单的时效处理便可达到沉淀硬化的效果。沉淀硬化半奥氏体不锈钢是以奥氏体状态供货，必须在沉淀硬化之前，通过特殊的热处理，使奥氏体转变成马氏体。而沉淀硬化奥氏体不锈钢是以奥氏体状态供货，可直接进行沉淀硬化处理。沉淀硬化过程主要与微细的金属间化合物的形成有关,这些金属间化合物在材料经受变形时,阻碍位错运动,从而使材料的强度提高。

4.2.2　不锈钢的腐蚀机理

金属的腐蚀形态主要分为全面腐蚀和局部腐蚀两类,不锈钢的腐蚀主要为局部腐蚀,常见的腐蚀形态有点蚀、缝隙腐蚀、晶间腐蚀、应力腐蚀、腐蚀疲劳、电偶腐蚀、磨蚀(冲蚀)、气蚀和生物腐蚀等。

1. 点蚀

点蚀是一种腐蚀后出现微小蚀孔的局部腐蚀形式,严重的点蚀会造成零件穿孔或突发性失效。关于点蚀发生的机理,一种理论认为,对于表面无物理缺陷的理想金属表面,蚀点的萌生是由于环境中的游离物质(如氯化物离子)与钝化的金属表面之间发生的某些交互作用的结果,包括动力学过程和热力学过程。更多的研究认为点蚀与表面缺陷有关,如晶界结构不均匀、位错表面露头、表面夹杂物或表面刻痕等。

点蚀的程度可以通过表面点蚀孔的密度、尺寸、深度来描述,例如,点蚀孔根据剖面特征分类如图 4-2 所示。

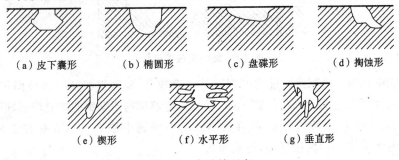

　　(a) 皮下囊形　　　　(b) 椭圆形　　　　(c) 盘碟形　　　　(d) 掏蚀形

　　　　(e) 楔形　　　　　(f) 水平形　　　　(g) 垂直形

图 4-2　点蚀的形态

影响点蚀的主要因素有:材料成分、显微组织、表面状态及环境条件。Ni、Cr 及 Mo 有助于提高材料的抗点蚀能力,而 S、C 会降低抗点蚀能力。合金中的硫化物、δ-铁素体、α 相、α' 相、沉淀硬化不锈钢中的强化析出相、敏化的晶界及焊缝等都可能对抗点蚀性能有影响。氯化物的浓度对点蚀有很大影响,浓度增加时,点蚀倾向增加。不锈钢的点蚀通常与海水的滞留有关,研究发现,当海水的流速大于 1.2 m/s 时,焊接的不锈钢 316 和 310 不会发生点蚀,而在海水停滞时则会发生深度的点蚀。零件的表面粗糙度也会影响点蚀。

2. 缝隙腐蚀

缝隙腐蚀是发生在金属与金属或金属与非金属结合缝隙内的一种局部腐蚀,

通常在缝隙中有溶液存在。缝隙腐蚀常发生在铆钉、螺栓连接、法兰、垫圈、衬板等处,当有海生生物或松动的沉积物附着在金属表面时也会发生。发生缝隙腐蚀的缝隙宽度没有明确的尺寸界限,通常为几微米宽。在宽的沟槽或缝隙内,由于溶液可以自由流动,较少发生缝隙腐蚀。

Fontana 和 Greene 通过不锈钢在充气氯化钠溶液中的缝隙腐蚀解释了缝隙腐蚀的机理,如图 4-3 所示。初始时,在不锈钢的表面上(包括缝隙内金属表面)均匀地发生一定的腐蚀,按照混合电位理论,阳极反应(即 $M \rightarrow M^+ + e$)由阴极反应(即 $O_2 + 2H_2O + 4e \rightarrow 4OH^-$)来平衡,但因为缝隙内相对封闭,阴极反应所耗掉的氧来不及补充,导致缝隙内的阴极反应终止,然而阳极反应仍继续进行,以致在缝隙内形成高浓度带正电荷金属离子的溶液。缝隙外的带负电荷的氯离子则进入缝隙平衡正电荷,形成的金属氯化物又被水解成氢氧化物和游离酸,反应式为

$$MCl + H_2O \rightarrow MOH + HCl$$

酸度增大的结果是导致金属表面钝化膜破裂,形成与自催化点腐蚀相似的腐蚀。

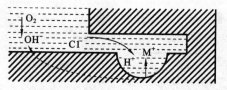

图 4-3　缝隙腐蚀的过程

影响不锈钢抗缝隙腐蚀能力的因素有合金成分、显微组织及阴阳极面积比、阴极保护、腐蚀介质温度、流动速度等,Cr、Ni、Mo 能够提高不锈钢的抗缝隙腐蚀能力。

Degerbeek 的实验结果表明,在含 Mo 的不锈钢中添加 Si、Cu 有利于提高不锈钢在海水中抗缝隙腐蚀性能,见表 4-2。

表 4-2　不锈钢浸泡在海水中的缝隙腐蚀情况(时间:1 年)

材　　料	相应不锈钢牌号	侵蚀的最大深度/mm
1Cr18Ni9Ti	304	>1.5
1Cr18Ni12Mo3	316L	1.0
Cr17Ni14Mo4	317L	0.5
Cr17Ni15Mo2Si3.5	—	0.2
Cr20Ni25Mo5Cu1.5	—	<0.81

减小缝隙腐蚀的方法如下。

(1) 在结构上避免出现缝隙,或使缝隙尽可能敞开。

(2) 容器要便于清除沉积物。

(3) 在缝隙腐蚀敏感的区域覆盖一层抗缝隙腐蚀性能更好的合金。

(4) 在阴极表面的周围涂上油漆。

(5) 采用抑制剂。

(6) 避免采用金属/非金属的连接。

3. 晶间腐蚀

晶界是不同结晶取向的晶粒相错杂的边界,是不锈钢中各种溶质元素偏析或金属间化合物沉淀析出的有利区域。发生在晶界上的局部腐蚀现象称为晶间腐蚀。晶间腐蚀由于会使晶界处晶粒间的结合力降低,造成材料强度下降,但表面尚保持完整、均匀甚至光滑,因此潜在的危害较大。

影响晶间腐蚀的元素主要是碳,碳对不锈钢的敏化有重要影响。当含碳量超过 0.03% 时,晶间腐蚀的速度将急剧增加。其他元素对不锈钢敏化的影响主要是通过对碳化物的析出和溶解度的影响而起作用的。如 Cr 增加碳在奥氏体中的溶解度,而 Ni 则降低碳在奥氏体中的溶解度。

奥氏体不锈钢的晶间腐蚀常发生在焊接构件焊缝附近的热影响区。因为焊接时该区域的温度为 $510 \sim 788$ ℃,正是造成奥氏体不锈钢晶间腐蚀的敏化温度(650℃),在此温度范围内,碳在奥氏体内不能全部溶解,多余的碳和铬作用生成 $Cr_{23}C_6$,使晶界附近 Cr 含量降低到 12.5% 以下,甚至为零。贫铬的晶界与晶粒本体间的电位差形成小阳极大阴极的电偶腐蚀,使晶界受到腐蚀破坏。双相不锈钢抵抗晶间腐蚀能力较奥氏体不锈钢强,但处理不当也会产生晶间腐蚀倾向。

4. 应力腐蚀

应力腐蚀(SCC)通常的结果是造成材料的断裂,因此,又称为应力腐蚀开裂。它是在腐蚀性介质中,当材料受应力(包括残余应力)作用时发生的腐蚀过程,造成应力腐蚀开裂的应力远低于材料在无腐蚀介质存在时正常的断裂应力,其根源在于材料内微裂纹的扩展。应力腐蚀从微观上分为穿晶断裂和沿晶断裂。应力腐蚀开裂失效与材料所处的介质环境有关。

应力腐蚀开裂的断面一般为脆断型,按产生应力腐蚀开裂的机理分为氢脆(亦称氢致开裂)和阳极溶解两种类型。氢脆主要是在含硫化物的环境中高强度钢的腐蚀失效形式。对于在海水环境中的耐蚀材料,应力腐蚀开裂主要发生在强度较高的马氏体不锈钢和沉淀硬化不锈钢上,是由氢脆引起的材料塑性下降或开裂现象。

阳极溶解型应力腐蚀开裂是材料内部局部应力集中处成为原电池反应的阳极,发生化学腐蚀,并在应力作用下又促进局部塑性变形,从而导致裂纹的扩展直至断裂。

应力腐蚀断裂一般经历三个阶段：裂纹萌生的孕育期、裂纹的生长扩展期和裂纹快速扩展断裂。

应力腐蚀与材料类型、成分、显微组织、介质种类、温度、应力大小等因素有关。

对于不锈钢材料，镍-铬奥氏体不锈钢发生应力腐蚀的倾向较铁素体不锈钢的大，双相不锈钢抵抗应力腐蚀的能力较强。

5. 腐蚀疲劳

腐蚀疲劳是指在腐蚀与循环应力的联合作用下引起材料疲劳强度下降的现象。海水液压元件中，轴承和弹簧是典型的受循环应力作用的部件，在水环境中发生破坏的形式主要是腐蚀疲劳。

应力腐蚀与腐蚀疲劳之间有联系也有区别，主要体现在以下几个方面。

(1) 应力腐蚀是发生在特定材料、特定介质和特定应力作用的条件下，而腐蚀疲劳对于任何材料都可能发生。

(2) 二者发生的应力条件不同，应力腐蚀中的应力一般为恒定的静应力，而腐蚀疲劳中的应力为循环交变应力。

(3) 应力腐蚀断裂存在一个临界应力强度因子，当应力低于该值时，应力腐蚀断裂不会发生，但腐蚀疲劳不存在这样的应力临界值。

表 4-3 列出了一些金属材料在海水中的腐蚀疲劳强度。

表 4-3　金属在海水中的腐蚀疲劳强度

材　　料	抗拉强度极限/10 MPa	经 10^8 次应力循环后的抗拉强度极限/10 MPa
低碳钢	42	1.4
铸造锰青铜	51	5.6
铸造 Ni-Al 青铜	61	8.8
316 不锈钢	60	14
304 不锈钢	50	10.6
Monel K500 合金	124	18.3
含碳的耐盐酸镍基合金	76	22.5
625Cr-Ni-Fe 合金	91	28.2

6. 电偶腐蚀

电偶腐蚀又称接触腐蚀，属于宏观原电池腐蚀。当两种电位不同的金属或合金接触且同时暴露在海水中时，电位较低的材料腐蚀速度增加，而电位较高的金属受到保护。为了避免电偶腐蚀，在设计水液压元件时，应避免在同一元件内采用电极电位相差较大的两种金属材料。部分材料的电极电位如图 4-4 所示。

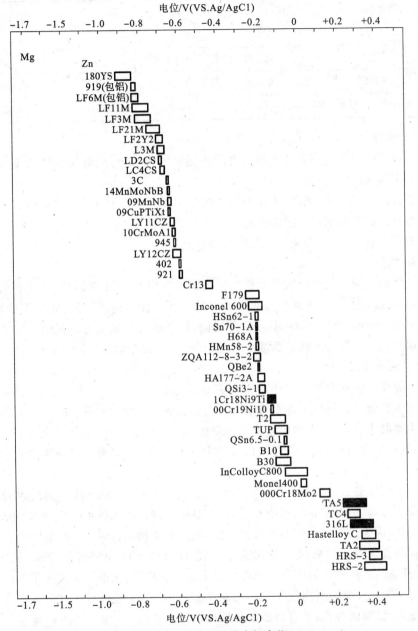

图 4-4　部分材料的电极电位

　　影响电偶腐蚀的因素主要有两材料的电位差、阴极或阳极极化作用大小、阴阳极面积比、海水流速等,海水流速对部分金属材料腐蚀速度的影响见表 4-4。

表 4-4   海水流速对部分金属材料腐蚀速度的影响   单位:毫米/年

流速/(m/s)	1Cr18Ni9Ti	LF2（铝合金）	TC4(钛合金)	B30（白铜）
3	0.029	0.008	0	0.011
7.5	0.033	0.066	0	0.027
11	0.070	0.26	0	0.058
实海(0.1 m/s)中 1 年	0.008(穿孔)	0.015	0	0.02

7. 磨蚀

磨蚀(冲蚀)发生在高速流动的含固体颗粒的海水中,是金属腐蚀与流体机械作用协同作用的一种过程。

磨蚀程度受流速、流态、表面钝化膜的强度和海水中的固体颗粒成分、大小、硬度等影响。如不锈钢在一般高流速海水中耐腐蚀性良好,但在含泥沙的高流速海水中就不耐腐蚀,这主要是与钝化膜被破坏有关。

8. 气蚀

金属表面因受到气泡破裂所带来的高压反复冲击,产生金属碎片,这些活化的金属暴露在海水中,又重新受到海水的腐蚀。奥氏体不锈钢、沉淀硬化不锈钢、高合金钢(如 Inconel625、Hastelloy C 等)具有较高的抗气蚀能力。在结构设计上主要是通过避免出现过大压差而减少气蚀的损伤,相关介绍参见第 6 章。

9. 生物腐蚀

生物腐蚀包括大型海洋生物附着在金属表面引起的腐蚀和微生物引起的腐蚀。大多数金属材料浸于海水数小时后就会在表面形成细菌膜,在 3～5 天内会形成微生物黏膜,随后是大型附着生物的幼体在膜中发育生成,最终形成一个群体生物层,这些生物的附着、生长和死亡过程中所产生的物质都会直接或间接地影响金属的腐蚀。

对于耐蚀能力强的钛合金、镍合金、高合金不锈钢,大型海洋生物的附着对其几乎没有影响,但对于在海水中发生点蚀、缝隙腐蚀的奥氏体不锈钢、蒙乃尔合金、铝合金等,因为耐蚀钝化膜的维持依靠氧,而海洋生物消耗氧,因此,金属表面将会在生物附着位置产生腐蚀。如藤壶附着在 1Cr18Ni9Ti 和蒙耐尔合金上会引起"藤壶开花",在死藤壶周围及壳口部位涌出棕红色铁锈,实质上是发生了局部腐蚀和缝隙腐蚀。对金属有腐蚀作用的细菌主要有两类:好氧菌和厌氧菌。前者有硫氧化细菌、铁细菌等,后者有硫酸盐还原菌(SRB)等。

热处理对某些不锈钢材料的耐腐蚀特性有影响。通过盐雾实验研究得到的 1Cr13、2Cr13、1Cr17 在淡水中的腐蚀速度与热处理的关系如图 4-5 所示,退火 1Cr17 较退火 1Cr13 的耐蚀时间长 15 倍,这是由材料内部晶体结构(前者为铁素体,后者为马氏体)及表面钝化膜的致密性所决定的。但渗氮后,二者的耐蚀时间相近,因为渗氮处理后的耐蚀能力取决于渗氮层。渗氮后的1Cr13、2Cr13 与退火状态下相比,耐蚀能力显著提高,但1Cr17渗氮后的耐蚀能力较退火时降低了。

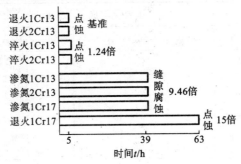

图 4-5　材质和热处理方式对不锈钢材料的耐淡水腐蚀性能的影响

4.3　非铁金属及其合金在海水中的腐蚀

4.3.1　铜及铜合金的腐蚀

　　铜及铜合金分为紫铜、青铜、黄铜和白铜四类。黄铜是以锌为主要合金元素的铜基合金,为提高黄铜的性能,可适当添加第三、第四组元素,形成铅黄铜、锡黄铜、铝黄铜、锰黄铜等。白铜是以镍为主要合金元素的铜合金,具有中等强度,常用作耐蚀结构件材料。在铜镍合金的基础上添加锌、锰、铝等元素后分别称为锌白铜、锰白铜、铝白铜。青铜根据所含合金元素的不同,分为锡青铜、硅青铜、铍青铜、锰青铜和铝青铜等,其中,铍青铜的弹性和强度最好,又兼有良好的耐蚀、耐疲劳、无磁等特点,常用于加工高档弹簧。铝青铜因为有较好的强度、耐蚀性及耐磨性,常用作轴承材料。

　　铜及铜合金具有良好的耐海水腐蚀能力,它们表面的氧化膜能够阻止氧向其表面内部扩散,从而保护内部金属不被腐蚀。铜及铜合金在海水中腐蚀的阴极过程是氧去极化,因此,其腐蚀速度主要由氧的供给速度决定,对铜合金腐蚀影响较大的因素有海水的溶解氧浓度、温度、流速及生物污损物等。锡青铜、锡黄铜等的腐蚀形态主要是均匀腐蚀。高锌黄铜(锌含量大于15%)在海水中会出现选择性腐蚀,如 HSn62-1 锡黄铜会发生局部脱锌腐蚀,这种腐蚀常发生在有海洋生物附着的情况下。含锡的黄铜因为减缓了锌在海水中的溶解速度,没有脱锌现象,若在此基础上添加微量砷(0.02%~0.05%),则进一步提高了耐脱锌腐蚀能力。铅黄铜的耐海水腐蚀性能是黄铜中最好的,白铜是耐海水腐蚀性能最好的铜合金。铜及铜合金也可能发生点蚀，如紫铜，在某些条件下，还可能发生缝隙腐蚀和应力腐蚀。

常用的铜及铜合金的成分见表 4-5。

表 4-5 常用的铜及铜合金的成分

名称	代号	主要化学成分/(%)							杂质含量
		Cu	Zn	Sn	Ni+Co	Mn	As	其他	
纯铜	T2	>99.9							<0.1
磷脱氧铜	TP1 (TUP1)	>99.9							<0.1
锡青铜	QSn4-4-2.5	余量	3.0~5.0	3.0~5.0				Pb1.5~3.5	0.2
	QSn6.5-0.1	余量		6.0~7.0				P0.10~0.25	0.1
铝青铜	QAl17	余量						Al 6.0~8.0	1.6
铍青铜	QBe2	余量			0.2~0.5			Be1.8~2.1	0.5
硅青铜	QSi3-1	余量				1.0~2.0		Si2.7~3.5	1.1
锰黄铜	HMn58-2	57.0~60.0	余量			1.0~2.0			1.2
铅黄铜	HPb59-1	57.0~60.0						Pb0.8~1.9	1.0
锡黄铜	HSn62-1	61.0~63.0	余量	0.7~1.1					0.3
加砷黄铜	H68A	67.0~70.0	余量				0.03~0.06		0.3
	HSn70-1	69.0~71.0	余量	0.8~1.3			0.03~0.06		0.3
	HAl77-2	76.0~79.0	余量				0.03~0.06	Al 1.8~2.3	0.3
铁白铜	BFe10-1-1	余量			9.0~11.0	0.5~1.0		Fe 0.5~1.5	0.7
	BFe30-1-1	余量			29.0~32.0	0.5~1.2		Fe 0.5~1.0	0.7

铜及铜合金在海水中的腐蚀情况参见表 4-6 及图 4-6 和图 4-7。HMn58-2 的

平均腐蚀率最大,纯铜(T2,TUP)的点蚀最严重,三种青铜的耐蚀性相近,好于白铜;白铜的耐蚀性好于纯铜和青铜。在全浸区暴露的 HMn58-2、HSn62-1 表面有白色腐蚀产物,清洗后看不到明显的蚀坑,通过金相观察和扫描电镜分析发现,HMn58-2 有严重的脱锌,HSn62-1 有较轻的脱锌,H68A、HSn70-1A 有轻微脱锌和斑蚀,HAl77-2A 没有脱锌,却出现了藤壶附着引起的斑蚀。

表 4-6　铜合金在浅层海水中暴露腐蚀的结果

名　称	厦　门						榆　林					
	平均腐蚀率 /(微米/年)			最大点蚀深度 /mm			平均腐蚀率 /(微米/年)			最大点蚀深度 /mm		
	1 年	4 年	8 年	1 年	4 年	8 年	1 年	4 年	8 年	1 年	4 年	8 年
T2	24	11	9.1	0	0	0	28	13	12	0.52	0.99	3.32
TUP	20	6.3	7.0	0	0	0	21	13	14	0.24	1.74	2.70
QSi3-1	21	21	17	0	0	0	31	15	11	0.31	0.78	2.49
QSn6.5-0.1	13	7.3	5.8	0	0	0	15	11	7.7	0.09	0.34	0.59
QBe2	15	6.1	5.6	0	0	0	19	12	9.4	0	1.21	1.66
HMn58-2	26	21	18	严重脱锌	严重脱锌	严重脱锌	31	19	14	严重脱锌	严重脱锌	严重脱锌
H68A	20	10	6.9	0	0.32	0	12	58	38	0.12	0.35	0.41
HSn62-1	24	12	7.8	较轻脱锌	较轻脱锌	较轻脱锌	18	10	7.4	较轻脱锌	较轻脱锌	较轻脱锌
HSn70-1A	18	10	6.6	0	0.23	0	20	8.6	4.6	0	0.12	0.43
HAl77-2A	4.2	2.4	1.9	0	0.29	0	5.7	2.2	2.5	0	0.21	0.34
BFe10-1-1	9.2	5.0	4.1	0	0	0	44	16	15	0	0.25	1.25
BFe30-1-1	14	2.9	2.0	0.13	0	0	31	15	4.4	0	0.42	0.65

4.3.2　铝及铝合金

　　铝及铝合金密度小、比强度高、可塑性好,大多数铝合金具有良好的耐海水腐蚀性能。铝合金按照性能和用途分为纯铝、防锈铝、硬铝和超硬铝等类别,常用铝及铝合金的化学成分见表 4-7。

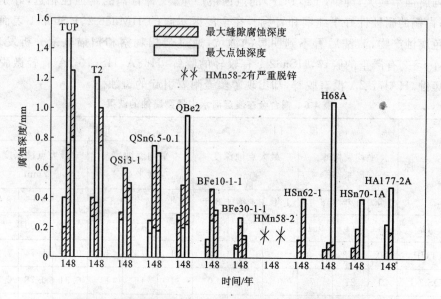

图 4-6　铜合金在青岛海域腐蚀实验的点蚀和缝隙腐蚀情况

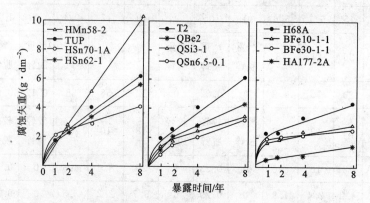

图 4-7　部分铜合金在青岛海域全浸下的腐蚀实验曲线

　　铝及铝合金的耐蚀特性源于表面形成的氧化膜。在海洋环境中铝及铝合金的腐蚀形态主要是点蚀、缝隙腐蚀、剥落腐蚀或应力腐蚀等局部腐蚀。海生物附着对铝及铝合金的影响比铜大，常见局部腐蚀形态有点蚀，如带包铝在有硬壳海生物附着的接触面上会发生这种腐蚀。晶间腐蚀主要是发生在铝合金的点蚀坑内侧，腐蚀沿着晶间向纵深发展。LD2CS 铝合金在海洋飞溅带暴露 4 年后，在表面上出现分布均匀的麻坑腐蚀。表 4-8 所示为部分铝及铝合金在不同海域全浸实验结果。

表 4-7 常用铝及铝合金的化学成分

种类	代号	Cu/(%)	Mg/(%)	Mn/(%)	Fe/(%)	Si/(%)	Zn/(%)	杂质/(%)	Al
硬铝	LY11	3.8~4.8	0.4~0.8	0.4~0.8	0.7	0.7	0.3	0.35	余量
硬铝	LY12	3.8~4.9	1.2~1.8	0.3~0.9	0.5	0.5	0.3	0.35	余量
超硬铝	LC4	1.4~2.0	1.8~2.8	0.2~0.6	0.5	0.5	5~7	0.2~0.35	余量
防锈铝	LF21	0.2	0.05	1.0~1.6	0.7	0.6	0.1	0.25	余量
锻铝	LD2	0.2~0.6	0.45~0.9	或Cr0.15~0.35	0.5	0.5~1.2	0.2	0.25	余量

注:表中有上下限的数值为主成分含量,没有上下限的单个数值为杂质的最大允许含量。

表 4-8 部分铝及铝合金在不同海域全浸实验结果

代号	青岛 平均腐蚀率/(微米/年)			青岛 最大点蚀深度/mm			厦门 平均腐蚀率/(微米/年)			厦门 最大点蚀深度/mm			榆林 平均腐蚀率/(微米/年)			榆林 最大点蚀深度/mm		
	1年	4年	8年	1年	4年	8年	1年	4年	8年	1年	4年	8年	1年	4年	8年	1年	4年	8年
L3M	18	5.7	2.7	0	1.19	0.52	14	5.0	3.4	0.59	1.16	2.05	8.3	3.0	1.3	2.39	1.79	1.65
LF2Y2	17	4.5	2.5	0	0.10	0.18	13	5.7	3.6	0	0.57	1.60	7.8	2.2	2.0	0.28	0.35	0.80
LF3M	16	4.6	3.5	0.40	0.35	1.74	15	26	5.7	0.93	2.76	1.50	7.8	1.4	2.5	1.03	0.78	1.00
LF11M	16	5.7	5.4	0	0.95	2.90	15	34	16	0.39	3.19	3.67	6.3	3.4	2.1	1.13	2.58	1.98
180YS	15	4.4	2.5	0	0	0.10	13	4.2	2.9	0	0.68	2.41	7.4	2.2	1.3	0.42	0.98	1.37
LF21M	14	4.3	2.4	0	0.32	0.37	12	4.6	2.5	0	0.53	0	6.7	1.8	1.2	0	0.40	3.13
LD2CS	29	15	8.0	0.85	1.34	1.60	39	16	11	1.44	1.93	C(2,4)②	19	7.1	4.6	1.20	C(2,4)	C(2,4)
LC4CS①	19	7.3	3.6	0.06	0.34	0.06	14	4.8	4.3	0.22	0.03	0.03	8.0	3.7	5.7	0.05	0.07	0.73
LY12CZ①	18	6.2	4.4	0.19	0.16	0.22	14	4.7	4.1	0.17	0.30	0.43	7.7	2.8	4.6	0.10	0.38	0.58
LY11CZ①	36	12	7.9	0.20	0.19	0.16	19	6.2	6.0	0.26	0.36	0.44	5.0	2.3	1.9	0.63	0.46	0.55

注:① 有包铝层;② C 表示发生穿孔,括号内数字为试样的原始厚度。

铝合金的腐蚀受与之组成电极对的其他金属影响。如铝与铜合金接触,铝的腐蚀速度大为加快。因此,铜合金结构在海水中不能与铝合金一起使用。

6061 是一种含硅化物的铝镁合金(Al-Mg-Si),这种合金在 T4 热处理状态(若加热时使用高的温度并继之以缓慢淬火)下对应力腐蚀裂纹可能是敏感的。但当该合金处于充分时效状态即 T6 回火时,其析出物呈小而分散的颗粒,此时合金可避免发生应力腐蚀裂纹。

4.3.3　钛及钛合金的腐蚀

钛在热力学上是不稳定金属,它的标准电极电位为-1.3 V。钛及钛合金是目前已知材料中最耐常温海洋环境腐蚀的材料,在常温海洋条件下几乎不存在任何腐蚀,即使表面有沉积物,也不会发生点蚀和缝隙腐蚀,海水中的硫化物也不影响钛的耐蚀性。其耐蚀能力主要得益于表面的氧化膜及氧化膜在损伤后的良好自愈性。钛的新鲜表面只要暴露在大气或水溶液中,就会立即形成氧化膜,氯离子难以破坏钛的钝化膜。但某些特殊条件下钛及钛合金也会发生缝隙腐蚀、点蚀和应力腐蚀开裂。

钛及钛合金在流动的海水中有优异的耐蚀性,钛在流速为 0.9 m/s 的海水中经过四年半的实验,还测不出腐蚀,即使海水流速达到 20 m/s,腐蚀速度也小得难以测量。钛合金在流速为 36 m/s 的海水中的腐蚀速度参见表 4-9。

表 4-9　钛合金在海水中的腐蚀速度(海水流速:36 m/s)

牌　　号	腐蚀速度/(毫米/年)
工业纯钛	0.007 4
TC4(Ti-6Al-4V)	0.011
Ti-13V-11Cr-3Al	0.009 7
Ti-5Al-2.5Sn	0.005 6
Ti-7Al-2Cb-1Ta	0.004 1

4.3.4　镍及镍合金的腐蚀

镍在流动海水中可以保持钝态,但在静止海水中局部有丧失钝化膜的倾向,可能会产生点蚀。

镍合金如蒙乃尔 400 及镍铜等都具有较好的耐海水腐蚀性能。蒙乃尔 400 作为海上应用的结构材料可用于甲板装配件和腐蚀架等。蒙乃尔 400 或蒙乃尔 K400 在高速流动的海水中具有极好的耐蚀性,可以保持钝性,这些合金主要用于全浸条件下高速运转的部件,如离心泵叶轮和小螺旋桨。蒙乃尔 400 与不锈钢相同,对于氧浓度差电化学腐蚀敏感,因此在部件设计上应避免缝隙,以防造成局部电化学腐蚀。

钼及铬含量较高的镍基合金耐海水腐蚀性能好,在一般的海洋环境中是完全耐腐蚀的。例如,Hastelloy C 合金在美国北卡罗来纳州的 Kure 海滨经 20 年的暴露后仍保持发亮的金属光泽。有关镍合金在海水环境中的腐蚀情况见表 4-10。

表 4-10　镍合金在海水中的腐蚀情况

牌　号	成分/(%)	腐 蚀 状 况	
HastelloyC	57Ni-16Cr-17Mo,其余 Fe,W,Co	最耐蚀	除焊缝外完全耐腐蚀
因科镍 625	61Ni-22Cr-17Mo		可达 Hastelloy C 水平
MP35N	35Ni-35Co-20Cr-10Mo		预实验时效果极好
Rene 41	56-11Co-19Cr-10Mo-3.1Ti		耐点蚀从良好到极好
Chlorimet 3	60Ni-18Cr-18Mo,其他 Fe,Si		铸造合金,用作泵的结构材料极好
HastelloyX	52Ni-22Cr-9Mo-19Fe,其他 W,Co		耐点蚀从良好到极好
HastelloyF	46Ni-22Cr-7Mo-21Fe	很耐蚀	一般满意,加 Co 能耐点蚀
HastelloyG	45Ni-21Cr-7Mo-20Fe-2Cu-2.5Co		
IlliumR	68Ni-21Cr-5Mo-3Cu		
因科镍 700	46Ni-28Co-15Cr-4Mo,其他 Ti,Al		
因科镍 718	53Ni-19Cr-3Mo-18Fe,其他 Ti,Co		
Elgiloy	15Ni-40Co-20Cr-7Mo-15Fe		
因科镍 X750	73Ni-15Cr-7Fe,其他 Nb,Ti,Al	略有点蚀	在静止海水中可能产生点蚀
蒙乃尔 400	66Ni-32Cu-2Fe		
蒙乃尔 K400	65Ni-30Cu-1Fe-3Al		
因科罗依 800	32Ni-21Cr-46Fe		
因科罗依 825	42Ni-22Cr-30Fe-3Mo-2Cu		

第 5 章　水液压柱塞泵、马达及液压缸

　　水液压泵是水液压系统的心脏,水液压泵的研制水平基本上代表了水液压技术发展的水平。

　　本章主要介绍水液压泵的主要结构类型及其特点、水液压泵设计中的关键技术问题,并简单介绍水液压马达及水液压缸的有关研究成果。

5.1　水液压泵的结构类型

　　由于水具有腐蚀性强、润滑性差和黏度低等特点,因此,油压泵不能直接用于水液压传动系统,水液压泵的设计需要从结构、材料、密封、制造工艺等方面重新考虑。

　　在几种常见结构的液压泵中,柱塞式液压泵尽管耐污染性能差、结构复杂,但是泵的整体结构紧凑、容积效率高、功率重量比大,为中高压水液压泵的首选结构。当前,国内外关于水液压泵或马达的研究主要集中于柱塞式。除此之外,国内外的研究者还对其他结构形式的液压泵或马达进行了探索研究,如 1980 年美国研制出与海水完全相容的叶片马达,其中采用了工程陶瓷和高分子材料,马达的压力达7 MPa,流量为 22.7 L/min,总效率为 80%,工作寿命 50 h。两年之后,土木工程实验室研制出海水液压水下作业工具系统,采用叶片泵,系统压力为 14 MPa,流量为45 L/min。

　　水液压柱塞泵有径向柱塞式和轴向柱塞式两种,从配流方式上看有阀配流和端面配流两种,从传动结构上看,有斜盘式和曲轴连杆式,从液压泵内部的介质环境及关键摩擦副的润滑方法看,有全水润滑和油水分离式两种。

　　水液压马达的结构也以轴向柱塞式为主,结构上与轴向柱塞泵基本相似。

5.2　油水分离式柱塞泵

　　为了避免摩擦副、密封等结构设计上的困难,确保水液压泵较高的容积效率,通常采用的设计思路是"避难就易",即尽可能在结构设计中减少摩擦副的数量,或使部分摩擦副处于润滑油润滑状态,通过密封结构将吸水和排水部分与油润滑的轴承部分隔离,以下文中称这种结构的泵为油水分离式泵。

在污水处理、石油开采、钢铁工业、汽车
工业及橡胶、木材及纺织机械等使用的卧式
径向柱塞泵就是典型的例子。如图 5-1 和图
5-2 所示，该泵通常为卧式，通过曲轴带动三
根连杆，连杆与活塞铰接，从而推动活塞在缸
体孔内作往复运动，密闭容腔的扩大或缩小
与配流阀的启闭相对应，完成吸水和排水的
过程。曲轴等受力较大的轴承用润滑油润
滑，在活塞上设置填料密封将配流阀腔与润

**图 5-1　EMP-3K 系列三柱塞式
水液压泵**

滑油腔隔离。由于曲轴的离心力导致动平衡较差，三柱塞泵的额定转速较低，再加
上柱塞数较少，泵的输出流量脉动大。一般通过减速器将电动机转速降低后再驱
动曲轴，因此，泵的外形尺寸及质量大。活塞上的密封受侧向力很小，通过选用结
构合适、耐磨性能好的密封件，并注意日常维护，三柱塞泵的使用寿命可长达几
十年。

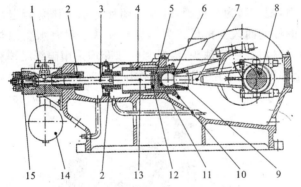

图 5-2　轴向三柱塞式水液压泵结构

1—吸入阀；2—缸孔密封；3—柱塞；4—导向缸体；5—活塞连接头；6—球铰座；7—连杆；8—曲轴；
9—螺纹套；10—泄漏油口；11—球铰衬套；12—保持架；13—连接杆；14—水箱；15—单向阀

德国 Hauhinco 机器制造公司生产的 EMP-3K 系列三柱塞式水液压泵就
是基于上述结构的泵（见图 5-1），其内部主要结构如图 5-2 所示，配流部分结
构如图 5-3 所示。该泵输出流量（压力）从 8 L/min(80 MPa) 到 700 L/min(15
MPa)，功率可达 200 kW，适用于包括水在内的各种低黏度介质，介质黏度范
围为 0.5～4 mm^2/s。

Hauhinco 公司还研制出 RKP-40～RKP-160 系列完全采用水润滑的径向柱
塞式水液压泵，图 5-4 所示为其内部构造图，该泵有 5 或 7 个柱塞，沿径向均布，当
主轴转动时，主轴上的曲轴段推动柱塞在缸孔内往复运动，柱塞通过弹簧和保持环

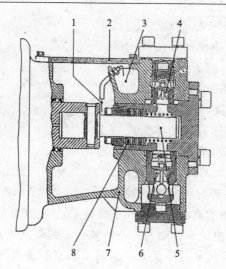

图 5-3　EMP-3K 三柱塞式水液压泵配流部分结构

1—绳芯润滑；2—玻璃观察窗；3—润滑油池；4—压出阀；5—柱塞；6—吸入阀；7—泵前腔壳体；8—密封件

压紧在偏心轮表面，配流阀为平板阀，以减小闭死容积。该泵为定量泵，但可以通过更换不同长度的柱塞而改变排量。为了提高柱塞泵耐海水腐蚀与耐磨性能，在设计中采用了耐蚀材料。柱塞球头、滑靴和柱塞套均采用碳纤维增强塑料，对偶件采用耐蚀合金，全部摩擦副采用水润滑，工作压力 32 MPa，流量为 3～242 L/min，功率可达 110 kW。

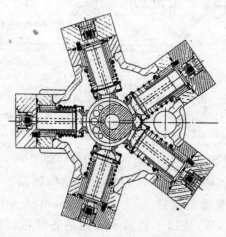

图 5-4　Hauhinco 全水润滑径向柱塞泵

日本川崎重工研究所于 1983 年研制成功的超高压海水泵（见图 5-5），同样采用了油水分离、阀配流结构，泵的缸体固定，斜盘旋转，柱塞采用了等离子喷涂工程陶瓷技术,即在不锈钢基体上喷涂 Al_2O_3,以提高耐磨性能。该泵流量为 6～9 L/min,转速为 2 000～3 000 r/min,在压力 63 MPa 时,因阀芯滞后造成的泄漏损失为 2.7%,实验后柱塞和缸体上可见均匀的光泽。川崎重工研究所研制的另一种用于深潜调查船的柱塞式海水泵工作压力为 68.5 MPa,流量为 5 L/min,应用于 6 500 m 水深,工作寿命达 200 h。

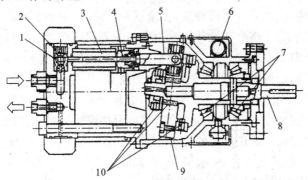

图 5-5　川崎重工油水分离柱塞泵

1—吸入阀;2—压出阀;3—缸套;4—柱塞;5—连杆;6—压力补偿袋;7、10—轴承;8—轴;9—斜盘

　　为了在流量压力不变的前提下,减小柱塞泵的体积和质量,华中科技大学于 1996 年研制出一种轴向柱塞式阀配流海水液压泵(见图 5-6),其主要特点是:采用偏心传动轴驱动斜盘回转,阀配流,在柱塞副中设置组合密封件实现油水分离,轴

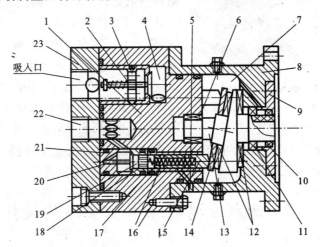

图 5-6　华中科技大学设计的油水分离柱塞泵

1—缸体;2—吸入阀芯;3—吸入阀座;4—吸入阀腔;5—外泄口;6—滚针轴承;7—油池;8—前端盖;
9—法兰;10—油封;11—球轴承;12—止推轴承;13—主轴;14—斜盘;15—柱塞;16—密封;
17—缸孔套;18—回程弹簧;19—压出阀座;20—压出阀芯;21—压出口;22—吸入口;23—后端盖

承和滑靴部分浸油润滑,斜盘角 11°,7 个柱塞。泵的额定工作压力为 3.5 MPa(最高为 6.3 MPa),转速小于 1 000 r/min,最大流量为 100 L/min,最高吸入真空度为 0.05 MPa,容积效率为 86%,总效率大于 74%。配流阀采用软密封锥阀结构,即阀芯、阀座分别为塑料和不锈钢材料,并使用橡胶矩形密封件。

　　该泵由于采用斜盘式结构代替曲轴结构,减小了转动时的离心力对传动轴及轴承的不利影响,因此可以提高转速,在流量一定时,可减小泵的体积,增加了柱塞数,使得流量较平稳。该泵在设计和使用上的主要问题有:斜盘通过滑靴对柱塞产生侧向力,而侧向力不仅使柱塞工作时相对缸孔发生偏斜,造成在缸孔两端附近的偏磨,且增大了动密封的载荷,使密封件磨损增加,因此,这种泵在额定压力较高、排量较大时,其密封件的寿命将受到影响,必须定期更换柱塞副中的密封件,否则,一旦磨损,就会造成油水的串通相混,造成元件腐蚀损坏,润滑油污染。从使用角度看,该泵没有实现绿色传动的要求,也不宜用于水下作业系统。总体上看,该泵较适用于压力较低的场合,一般低于 10 MPa。在一定意义上,油水分离式水液压泵只能算作从油压到水压的过渡形态。

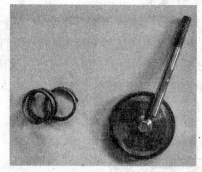

图 5-7　断裂的吸入阀阀芯及弹簧
(泵压力为 3.5 MPa,流量为
300 L/min,累计工作 40 h)

　　阀配流液压泵的主要优点是减少了端面配流摩擦副,更容易实现对水的密封,易保证较高的容积效率,配流阀对介质的污染、黏度和温度都不敏感,可降低系统的过滤精度和对材料的耐磨性要求。阀配流液压泵的不足之处是每个柱塞都需要一对吸入阀和压出阀,造成泵结构件增加,可靠性降低,成本较高。每个阀中都有一根复位弹簧,高频变化的应力极易使弹簧腐蚀疲劳,造成断裂失效,如图 5-7 所示。配流阀由于阀芯的惯性,响应速度不高,高速时的配流效率降低,且阀芯阀座间存在较为强烈的配流冲击,因此,阀配流液压泵的主轴转速一般低于 1 000 r/min。阀配流液压泵不能作马达使用,也不能正反转互换使用。

5.3　油水分离柱塞泵主要结构设计

5.3.1　配流阀

　　配流阀的结构形式、主要参数、零件的材料选择等对液压泵的容积效率、噪声水平、工作可靠性及使用寿命、吸入性能等都有很大影响。水液压泵中配流阀的设

计总体上与油压泵中配流阀的设计原理和设计方法类似,但也存在不同。设计时应考虑以下要求:

(1) 阀关闭时的密封性要好;

(2) 阀的响应速度要快,滞后要小;

(3) 阀芯动作时与阀座的撞击要小;

(4) 过流阻力应尽可能低;

(5) 配流阀引起的闭死容积尽可能小;

(6) 弹簧耐腐蚀疲劳强度高;

(7) 结构简单,加工及安装工艺性好,便于拆检维修。

5.3.2　配流阀的常见结构及特点

常见的配流阀的形式主要有锥阀、球阀及平板阀等,如图 5-8 所示。

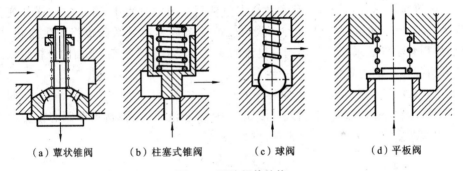

（a）蕈状锥阀　　　（b）柱塞式锥阀　　　（c）球阀　　　（d）平板阀

图 5-8　配流阀的结构

球阀结构简单,加工容易,但导向性差,工作时易产生振动,实心球阀阀芯惯性较大,一般用于小流量、小通径的场合。

锥阀结构有柱塞式锥阀和蕈状锥阀两种。锥阀的密封性好,但一般需要较长的导向部分,以增强阀芯与阀座的对中能力,由于配合面为锥面,具有一定自定位性。蕈状锥阀惯性较小,启闭灵活;柱塞式锥阀惯性较大,常用作压出阀,而不用作吸入阀。锥阀的主要缺点是尺寸较大,因而会形成较大的闭死容积,在高压条件下,阀的滞后大,加工精度要求较高。

平板阀结构较简单,依靠环形平面密封,密封性较好,加工精度容易保证,不存在因为阀芯阀座不同心而密封不严的问题,对阀芯导向要求低,通流能力强。阀芯体积小,惯性小,响应快,同球阀一样不存在无效行程。在阀芯开度相同时,相同通径的平板阀通流能力比锥阀的高,适用于高压场合,而且压力越高,密封性越好。平板阀的缺点是耐介质污染的能力差。

5.3.3　平板配流阀配流过程的仿真分析

为了便于分析,将平板配流阀简化为图 5-9 所示的物理模型。

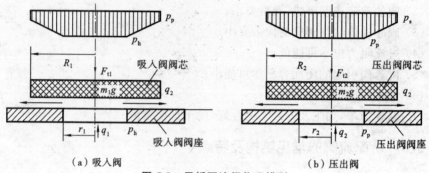

图 5-9　平板配流阀物理模型

　　配流阀从开启到最大位移和从最大位移到关闭的过程中,液流的雷诺数变化很大,流动状态也随之变化,同时,阀口的流速系数和流量系数也将发生变化,因此,要用数学方法来精确描述阀口过流的变化过程将非常复杂,下面的分析将依据实际情况作一定的简化。

　　1) 吸入阀数学模型

　　吸入阀关闭时,阀芯受到入口液压力、柱塞腔液压力、弹簧力及阀芯重力的作用,因阀芯重量很小可以忽略不计,则

$$F_{t1} = \pi r_1^2 p_h - \pi R_1^2 p_p - k_1 x_{10} \tag{5-1}$$

当 $F_{t1} < 0$ 时,阀口关闭,此时 $q_1 = 0$,阀口密封带上所受的密封力为

$$\sigma_1 = \frac{-F_{t1}}{\pi(R_1^2 - r_1^2)} = \frac{\pi R_1^2 p_p + k_1 x_{10} - \pi r_1^2 p_h}{\pi(R_1^2 - r_1^2)} < [\sigma_1] \tag{5-2}$$

式中:k_1——吸入阀弹簧刚度;

　　　x_{10}——吸入阀弹簧预压缩量;

　　许用应力$[\sigma_1]$——阀芯及阀座二者材料许用抗拉强度中较小者。

　　当 $F_{t1} = 0$ 时,阀口关闭,此时 $q_1 = 0$。阀口密封带上所受的密封应力 σ_1 为零,阀口处于临界开启状态。

　　当 $F_{t1} > 0$ 时,阀口开启,忽略阀芯运动的黏滞阻力、瞬态液动力等,阀芯受力平衡方程为

$$F_{t1} = \frac{1}{4}\pi(r_1 + R_1)^2 (p_h - p_p) - k_1(x_{10} + x_1) + \rho q_{10}\frac{q_{10}}{\pi r_1^2} = m_1 \frac{\mathrm{d}^2 x_1}{\mathrm{d}t^2} \tag{5-3}$$

式中:m_1——吸入阀阀芯质量加上三分之一的吸入阀弹簧质量;

　　　x_1——吸入阀阀芯的位移;

q_{10}——单个柱塞腔通过吸入阀的吸入流量。吸入阀阀口的过流面积 A_1 近似取为

$$A_1 = \frac{\pi(r_1+R_1)x_1}{2} \tag{5-4}$$

2）压出阀数学模型

当压出阀阀口关闭时，阀芯受到柱塞腔液压力、出口液压力、弹簧力及重力的作用，因阀芯重量很小可以忽略不计，则

$$F_{t2} = \pi r_2^2 p_p - \pi R_2^2 p_s - k_2 x_{20} \tag{5-5}$$

当 $F_{t2} < 0$ 时，阀口关闭，此时 $q_2 = 0$，阀口密封带上所受的密封力为

$$\sigma_2 = \frac{-F_{t2}}{\pi(R_2^2-r_2^2)} = \frac{\pi R_2^2 p_s + k_2 x_{20} - \pi r_2^2 p_p}{\pi(R_2^2-r_2^2)} < [\sigma_2] \tag{5-6}$$

式中：k_2——压出阀弹簧刚度；

x_{20}——压出阀弹簧预压缩量；

许用应力 $[\sigma_2]$——阀芯及阀座二者材料许用抗拉强度中较小者。

当 $F_{t2} = 0$ 时，阀口关闭，此时压出阀阀口密封带上所受的密封力 σ_2 为零，阀口处于临界开启状态。

当 $F_{t2} > 0$ 时，阀口开启，忽略阀芯运动的黏滞阻力、瞬态液动力等，阀芯受力平衡方程为

$$F_{t2} = \frac{1}{4}\pi(r_2+R_2)^2(p_p-p_s) - k_2(x_{20}+x_2) + \rho q_{20}\frac{q_{20}}{\pi r_2^2} = m_2\frac{d^2 x_2}{dt^2} \tag{5-7}$$

式中：m_2——压出阀阀芯质量加上三分之一压出阀弹簧的质量；

x_2——压出阀阀芯的位移。

压出阀阀口的过流面积 A_2 也可近似取为

$$A_2 = \frac{\pi(r_2+R_2)x_2}{2} \tag{5-8}$$

通过吸入阀阀口的流量为

$$q_{10} = \text{sign}(p_h-p_p)C_{d1}A_1\sqrt{\frac{2}{\rho}(|p_h-p_p|)} + \pi R_1^2\frac{dx_1}{dt} \tag{5-9}$$

式中：p_h——泵在水下应用时的环境水深压力；

C_{d1}——吸入口阀口流量系数。

通过压出阀排出的流量为

$$q_{10} = \text{sign}(p_p-p_s)C_{d2}A_2\sqrt{\frac{2}{\rho}(|p_p-p_s|)} + \pi R_2^2\frac{dx_2}{dt} \tag{5-10}$$

式中：p_s——压出阀出口压力；

C_{d2}——压出阀阀口流量系数。

3) 配流特性仿真

选取配流阀阀芯的位移 x_1、x_2 和柱塞腔的压力 p_p 作为研究对象,通过仿真来分析泵的配流特性。以柱塞上死点位置(开始压水)作为斜盘转角的起始点,此时柱塞位移、速度均为零,柱塞腔压力等于 h 深处的水深压力 p_h,采用变步长四阶龙格-库塔法求解以上式(5-1)至式(5-8)组成的方程组。仿真中用到的不变参数取值见表 5-1,仿真变量取值表 5-2。

表 5-1　仿真用到的不变参数取值表

参　　数	取　　值	参　　数	取　　值	参　　数	取　　值
$\rho/(kg/m^3)$	1 025	L_3(柱塞与缸孔的最小配合长度)/m	0.07	r_2/m	0.007
$\mu/(Pa \cdot s)$	6.56×10^{-4}	δ_1/m	1.0×10^{-5}	C_{d1}	0.65
E/Pa	2.4×10^9	ε(柱塞相对缸孔的偏心率)	0.505	C_{d2}	0.65
$\alpha/(°)$	10	R_1/m	0.009	R_0/m(滑靴密封带外径)	0.013
R/m(柱塞分布圆半径)	0.05	r_1/m	0.008	r_0/m(滑靴密封带内径)	0.009
d_p/m(柱塞直径)	0.022	R_2/m	0.007 7	δ_2/m(滑靴副水膜厚度)	5×10^{-6}
$\eta_v/(\%)$	85	$\eta/(\%)$	70		

表 5-2　仿真变量取值表

变　　量	取　　值	变　　量	取　　值	变　　量	取　　值
h/m	300	V_0/m^3	3×10^{-7}	x_{20}/m	0.007
p_h/Pa	3.11×10^6	$k_1/(N/m)$	600	m_1/kg	0.004
$p_s - p_h/Pa$	1.4×10^7	x_{10}/m	0.006	m_2/kg	0.002
$n/(r/min)$	1 000	$k_2/(N/m)$	400		

图 5-10 所示为平板阀配流过程仿真曲线,即柱塞腔的压力 p_p、配流阀阀芯位移 x_1、x_2 及压出阀阀口流量 q_2 等随斜盘转角 Φ 的变化规律。从图中可以非常直观地看到配流的四个过程。

(1) Φ 从 0° 起始到 22.4°,封闭柱塞腔中的水被压缩,柱塞腔的压力从 3.11 MPa 逐渐上升至 20.61 MPa,此时吸入阀与压出阀均处于完全关闭状态。

（2）Φ 从 22.4°到 187.4°，对应于压出阀的开启过程，柱塞腔的压力随着压出阀阀口的开启从 20.61 MPa 突然下降并稳定至 17.13 MPa，直到 187.4°时压出阀关闭。此过程柱塞腔中的高压水通过压出阀阀口排出，即为泵排水的过程，压出阀阀芯运动的位移曲线和通过压出阀阀口排出的水流量曲线分别如图 5-10 中的曲线 B 和 D 所示，两曲线是完全同步的，当 $\Phi=96°$ 时，压出阀阀芯的位移 x_2 达到最大，为 2.57 mm，通过压出阀阀口排出的水流量 q_2 也达到最大值，即 3.82×10^{-4} m³/s。

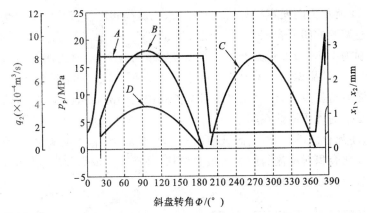

图 5-10　平板阀配流过程仿真曲线

A—柱塞腔压力；B—压出阀阀芯位移；C—吸入阀阀芯位移；D—压出阀阀口流量

（3）Φ 从 187.4°到 199.6°，封闭的柱塞腔容积逐渐增大，柱塞腔的压力从 17.13 MPa 逐渐下降到约 2.9 MPa，吸入阀与压出阀均处于关闭状态。

（4）Φ 从 199.6°到 368.8°，对应于吸入阀的开启过程，柱塞腔的压力随着吸入阀的打开由 2.90 MPa 突然上升并稳定到 3.09 MPa，直到 368.8°时吸入阀关闭。此过程柱塞腔通过吸入阀阀口吸水，吸入阀阀芯运动的位移曲线如图 5-10 中的曲线 C 所示。当 $\Phi=279.2°$ 时，吸入阀阀芯的位移 x_1 达到最大，为 2.43 mm，此后，Φ 从 368.8°到 388.4°（或 22.4°），又进入封闭柱塞腔中水的压缩过程，开始下一个排、吸水循环过程。

这样，泵进入稳定工作状态后，从 368.8°开始，每隔 360°（对应于斜盘旋转一周），每个柱塞腔均将随着柱塞的往复运动一次，完成一次排水和吸水过程，Z 个柱塞腔通过对应压出阀排出的高压水量 q_2 叠加就构成了泵的输出流量 q_s。

显然，配流阀的开启与闭合较柱塞的运动有一定的滞后。变量按表 5-2 所示取值，得到压出阀的开启滞后角约为 22.4°、关闭滞后角约为 7.4°，吸入阀的开启滞后角约为 19.6°、关闭滞后角约为 8.8°。配流阀滞后是配流阀柱塞泵的一个显著特征，主要是因为水具有一定的压缩性和阀芯具有惯性。当柱塞腔容积随柱塞运动减小时,柱塞腔内压力升高,但压力只有升高到一定值时才能使吸入阀关闭,压出阀打开;同样,当柱塞腔容积随柱塞运动增大时,柱塞腔内压力降低,但压力只有降低到一定值时才能使吸入阀关闭、压出阀打开。无论是容积减小还是容积增大,都将对应斜盘转过一定的角度,即滞后角。配流阀运动的滞后,将可能导致柱塞腔吸水不充分、产生气蚀。因此,需综合分析研究各种因素对配流特性的影响,尽可能减小配流阀的滞后角,提高配流阀的响应速度。

　　4）影响配流性能的主要因素

　　图 5-11 所示为闭死容积对柱塞腔压力、配流阀阀芯位移及压出阀阀口流量的影响。当柱塞腔的闭死容积 V_0 分别为 20 mL、30 mL 及 40 mL 时,压出阀开启的滞后角分别为 19.3°、22.4° 及 25.1°,关闭滞后角均为 7.4°;吸入阀开启的滞后角分别为 17.2°、19.6° 及 22.1°,关闭的滞后角均为 8.8°。这表明,闭死容积越大,配流阀开启的滞后角就越大,但闭死容积对配流阀关闭的滞后角影响很小,因为配流阀开启滞后是水的可压缩性在起主导作用,而关闭滞后则是阀芯的惯性在起主导作用。另外,闭死容积越大,压出阀开启时阀芯突窜就越高,表明阀芯的运动将越不平稳。但闭死容积对配流阀阀芯的最大位移、柱塞腔的最高和最低压力、压出阀出口的最大流量的影响都很小。

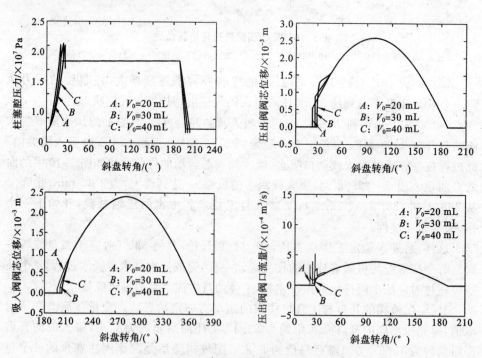

图 5-11　柱塞腔闭死容积对配流特性的影响

　　图 5-12 给出了弹簧刚度对配流特性的影响。在弹簧预紧力不变的情况下,改变弹簧刚度($A>B>C$),阀芯的开启与关闭滞后角基本不变,但弹簧刚度越大,阀芯的最大位移则越小。由图中还可以看出,配流阀的响应速度及压出阀的出口流量基本上不受弹簧刚度变化的影响。

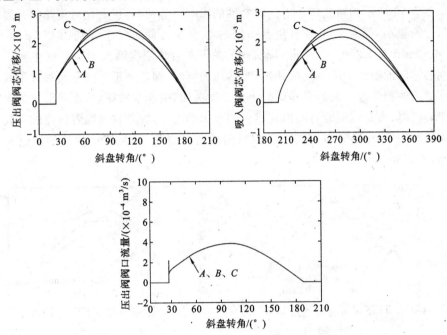

图 5-12　弹簧刚度对配流特性的影响

　　图 5-13 所示为阀芯质量对配流特性的影响。由图中可以看出,压出阀阀芯质量不同,其开启时窜起的高度也不同。阀芯质量越大,窜起的高度就越大,但吸入阀阀芯质量对阀芯位移影响不甚明显。这主要是因为:压出阀开启瞬间,其前后压

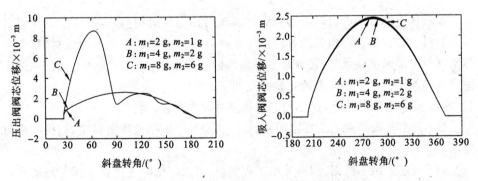

图 5-13　阀芯质量对配流特性的影响

差相对较大,因而作用在压出阀阀芯上的力较大,质量大的阀芯运动的惯性力较大,所以开启瞬时突窜得较高;吸入阀因开启瞬时前后的压差相对较小,所以阀芯质量变化对其运动的影响不甚明显。所以适当减小配流阀阀芯的质量有利于提高其运动的平稳性。

图 5-14 所示为斜盘转速对配流特性的影响。显然,转速变化对配流阀开启滞后角影响很小,但对关闭滞后角有一定的影响。当泵的转速分别为 800 r/min、1 000 r/min 及 1 200 r/min 时,配流阀的关闭滞后角依次增大约 3°。这主要是由于阀芯运动的惯性影响其响应速度,当转速提高时,阀芯来不及回程而加大了其与柱塞运动的相位差。其后果是阀口不能及时关闭,引起水回流,从而降低泵的容积效率。同时,为在较短的时间内完成同样容积的配流,阀芯位移随着转速的提高而相应地增大,这也会导致阀芯关闭滞后角增大。因此,阀配流柱塞泵的转速不能过高。

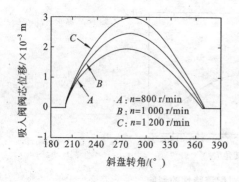 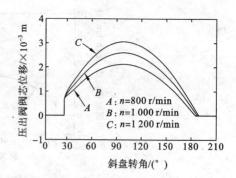

图 5-14　斜盘转速对配流特性的影响

其他结构的配流阀可按上述方法作类似分析,规律基本一致。

5.3.4　配流阀的结构设计

水液压泵配流阀的设计方法和设计步骤与油压泵的相似,具体可参见徐绳武编著的《柱塞式液压泵》相关内容。但配流阀各零件的材料应选择耐蚀材料,复位弹簧材料除了刚度要求外,还应注意其耐腐蚀疲劳强度。图 5-15 所示为某阀配流海水泵锥阀结构。其结构上的主要特点如下:

(1) 阀芯有导向部分,保证阀芯与阀座的对中可靠;

(2) 阀芯与阀座除了依靠锥面密封外,还增加了矩形橡胶密封垫,以提高密封效果;

(3) 阀芯采用不锈钢,阀座采用工程塑料,可以降低配流过程中阀芯对阀座冲击引起的噪声,同时,阀座表面的变形对阀的密封性能影响较小。

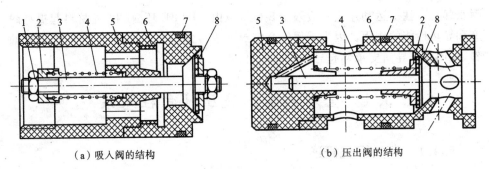

（a）吸入阀的结构　　　　　　　　（b）压出阀的结构

图 5-15　某阀配流海水泵锥阀结构

1—防松螺母；2—弹簧座；3—阀芯；4—弹簧；5—导向座；6—阀座；7—O 形圈；8—软密封

配流阀组件所用材料如表 5-3 所示。

表 5-3　配流阀组件所用材料

组件	阀芯	导向座	阀座	弹簧座	软密封	弹簧
材料	1Cr18Ni9Ti	PTFE	POM	1Cr18Ni9Ti	NBR	3J1

5.3.5　柱塞副的密封

　　一般的柱塞副是通过环形间隙来密封的，间隙不能太大，为此需要在设计、加工及装配时严格控制柱塞与缸孔的间隙，柱塞在往复运动过程中的留缸长度不能太小。油压柱塞泵中柱塞副的单边间隙一般为 $10\sim15~\mu m$，在水液压泵中显然间隙还要小，一般为油压泵的三分之一左右。对于油水分离式轴向柱塞泵，不能靠间隙密封来实现配流腔与轴承腔的隔离，而必须采用可靠性好、经磨损后有一定自动补偿能力的密封结构。

　　柱塞副的密封为往复动密封，在运动过程中柱塞因为受滑靴的侧向力作用，相对缸孔会发生倾斜，使柱塞副的接触并非是均匀的，在运动过程中随着柱塞位置的变化，接触压力是周期变化的。密封的设计要合理地解决密封与磨损这一矛盾，因为密封一般是通过橡胶等弹性元件在压力作用下的变形而发挥作用的。

　　橡塑组合密封件是将施加预压紧力的弹性元件和与被密封表面直接接触的耐磨元件按功能分开加工，如图 5-16 所示，由摩擦系数较低、耐磨性好的填充聚四氟乙烯（PTFE）环和 O 形橡胶密封圈组合而成，O 形圈提供密封压力，PTFE 环磨损后有一定自动补偿作用，所用材料

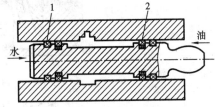

图 5-16　轴用组合密封

1—导向环；2—组合密封

耐水、耐油,往复运动速度一般限于 5 m/s 以内。PTFE 环内的填充材料起提高耐磨和导热性能的作用。因为采用组合密封要求柱塞副有一定间隙,为防止柱塞偏斜,采用两个导向支承环起导向支承作用。

5.4　全水润滑水液压轴向柱塞泵

5.4.1　有关研究概述

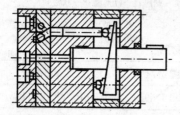

美国 ISTI Delaware 公司与 Delaware 大学联合研制的柱塞式海水液压泵采用缸体固定、斜盘回转、阀配流结构,如图 5-17 所示。斜盘支承在推力轴承上。泵的工作压力为 2.8～6.3 MPa,低压泵的柱塞与斜盘间为点接触结构,高压泵为滑靴结构。该泵在设计上,较多部件(如泵体、滑动轴承、柱塞、滑靴、单向阀等)采用了工程塑料。图示泵的流量为 19 L/min,额定压力为 2.8 MPa,容积效率为 92%～95%,可累计

图 5-17　Delaware 海水液压泵

运行 2 600 h,维修间隔期为 11 个月。

丹麦 Danfoss 公司于 1994 年研制出 Nessie 系列水液压元件,其中 PAH 系列水液压轴向柱塞泵(见图 5-18)为定量泵,9 个柱塞,斜盘式端面配流,最高工作压力为 10～16 MPa,工作转速范围为 700～1 800 r/min。转速为 1 500 r/min 时的

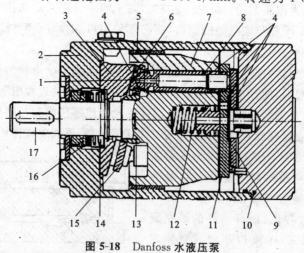

图 5-18　Danfoss 水液压泵

1—静压支承;2—前安装法兰;3—斜盘;4—增强塑料;5—轴承;6—滑靴;7—缸体;8—柱塞;
9—配流盘;10—后法兰;11—推力盘;12—弹簧;13—回程球铰;14—壳体;15—回程盘;16—轴封;17—主轴

流量为 3~112 L/min,容积效率大于 93%,16 MPa、1 500~1 800 r/min 下可靠运行时间大于 8 000 h。泵的壳体为阳极氧化的铸铝,滑靴、缸套和浮动止推盘采用了增强塑料,与不锈钢对磨,主轴和缸体做成一体结构,缸体由滑动轴承支承,滑动轴承采用静压支承。为了减小缸体受柱塞侧向力引起的倾侧或弯曲变形造成配流盘偏磨,在缸体端面安装了浮动推力盘,通过塑料连接套与缸体柔性连接,并在中心弹簧力作用下与配流盘贴紧。斜盘固定在缸体底端,可以通过更换具有不同倾角的斜盘改变泵的排量,滑靴采用静压支承,以减小摩擦磨损。该泵只能用于淡水环境,主要性能参数见表 5-4,泵的容积效率和总效率曲线如图 5-19 所示。Danfoss 公司生产的 MAH 系列马达,结构大致与泵相同,有 5 个柱塞,工作压力为 14 MPa,最高转速为 3 000 r/min,容积效率为 95%。Danfoss 公司生产的 APP 系列轴向柱塞式海水液压泵结构与 PAH 系列相似,但设计中选用的材料耐海水腐蚀,额定压力为 8 MPa,最高压力为 14 MPa。APP 系列液压泵目前在海水反渗透淡化、纳米级海水过滤、高压海水泵送、化工流体泵送等方面已有应用,其容积效率曲线如图 5-20 所示。Danfoss APP 系列和 PAH 系列水液压泵的入口过滤精度要求不低于 10 μm。

表 5-4　Danfoss PAH 系列水液压轴向柱塞泵的主要性能参数

型　　号	PAH10	PAH12.5	PAH25	PAH32	PAH63	PAH80
排量/(mL·r)	10	12.5	25	32	63	80
最高连续压力/MPa	16	16	16	16	16	16
最高转速/(r/min)	1 500	1 500	1 500	1 500	1 500	1 500
最低转速/(r/min)	700	700	500	500	500	500
16 MPa 时最大流量/(L/min)	13.7	17	34	44	86	112
1 500 r/min、16 MPa 时的输入功率/kW	4.2	5.3	10.5	13	26	33
最低吸入压力/MPa	0.09	0.09	0.09	0.09	0.09	0.09
最高吸入压力/MPa	0.7	0.7	0.7	0.7	0.7	0.7
压力脉动率/(%)	5(5柱塞)	5(5柱塞)	1.5 (9柱塞)	1.5 (9柱塞)	1.5 (9柱塞)	1.5 (9柱塞)
质量/kg	4.7	4.7	17.6	17.6	36.3	36.3
外形长度(含轴)/mm	200	200	248	248	320	320
外形宽度/mm	105	105	128	128	160	160

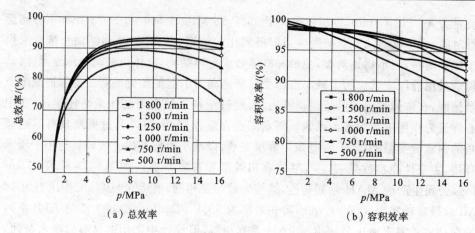

（a）总效率　　　　　　　　　　　　　（b）容积效率

图 5-19　PAH32 水液压泵的效率曲线

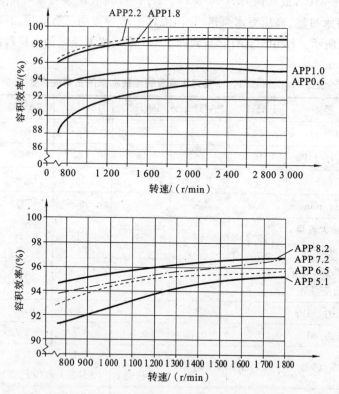

图 5-20　APP 系列海水液压泵的容积效率曲线

英国 Fenner 公司研制的 F06 至 F60 系列斜盘式端面配流轴向柱塞海水液压泵/马达（见图 5-21）的柱塞为定隙回程，压力为 10～14 MPa，用在 400 m 水深的水下机器人和作业工具上。柱塞套、配流盘采用增强聚酰亚胺塑料（MC 合金），缸体、柱塞为 AISI316 钢。1996 年英国 HULL 大学尝试用整体工程陶瓷制作泵的缸体和配流盘，硬质材料与硬质材料的配对，提高了配对副耐磨粒磨损的能力，从而降低了对水的过滤要求，在 120 μm 海水过滤条件下实验，取得了良好效果。

　　日本小松制作所（Komatsu）1991 年推出的端面配流轴向柱塞海水液压泵（见图 5-22），为通轴式、滑动轴承支承，斜盘、柱塞、轴颈均为陶瓷，分别与碳纤维增强塑料做成的滑靴、柱塞套和轴承配合。轴颈表面加工有螺旋槽，以便储存水，保证良好的润滑。配流盘也采用碳纤维增强工程塑料（CFRP），滑靴部位采用静压支承结构，额定压力为 21 MPa，额定流量为 30 L/min，额定转速为 1 500 r/min，功率重量比为 0.65 kW/kg，总效率达 92%，在运行 500 h 后，主轴及轴承几乎没有磨损。

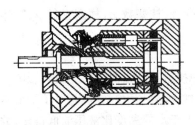 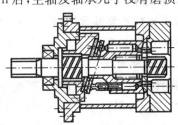

图 5-21　Fenner 海水液压泵　　　　　图 5-22　Komatsu 海水液压泵

　　日本萱场工业公司研制的斜轴式三柱塞端面配流轴向柱塞海水液压泵（见图 5-23）广泛采用了工程陶瓷，如其中的陶瓷滚珠径向轴承和陶瓷螺旋动压轴承，斜盘、柱塞和滑靴等关键摩擦件材料也采用了工程陶瓷和工程塑料，该泵额定压力为 21 MPa，流量为 12.69 L/min，总效率 76% 以上。

　　芬兰 Hytar Oy 水液压技术公司和 Tampere 工业大学 1994 年共同研制的端面配流轴向柱塞海水液压泵/马达（见图 5-24）的额定压力为 21 MPa，流量为 30 L/min，容积效率达 92%，使用寿命 8 000 h 左右，主要摩擦副采用碳纤维增强塑料和硬化的金属或陶瓷组合。并于 1998 年推出经过改进的 APP 系列海水液压泵和 APM 系列海水液压马达，其中 APM40R 型马达（额定流量为 40 L/min，额定压力为 16 MPa，额定转速为 1 500 r/min）在 19 MPa 时的容积效率大于 96%，在 17

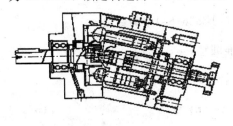 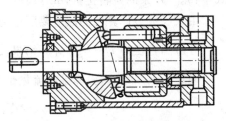

图 5-23　萱场海水液压泵　　　　　　图 5-24　Hytar Oy 海水液压泵

MPa、1 500 r/min时实验寿命达 5 400 h。

综合分析可以发现,端面配流、摩擦副全部采用淡水或海水润滑的轴向柱塞泵(马达)是国内外水液压泵的主导形式。

5.4.2　全水润滑水液压泵的设计

下面以配流盘配流、轴向柱塞式水液压泵为例,简单介绍其主要设计过程。由于设计步骤及基本设计方法与油压泵相似,因此,此部分内容可参考柱塞式油压泵的设计方法,但在参数选择、计算及结构设计时一定要注意水与油的不同,对有关结构及参数应作相应的调整。

1. 泵主要结构参数的确定

斜盘式柱塞泵基本结构尺寸有:斜盘倾角 γ、柱塞数 Z、柱塞直径 d、缸体柱塞孔分布圆直径 D 等。

1) 斜盘倾角 γ

斜盘倾角过大会导致泵的某些摩擦副的接触比压过高,加剧磨损,影响泵的使用寿命。同时,斜盘倾角越大则缸体侧向力越大,容易引起缸体相对于配流盘的侧倾,产生过大泄漏及造成配流部位的偏磨。由于水的黏度比液压油低得多,故水液压泵的斜盘倾角应比油压泵的小。但是,如果斜盘倾角太小,在满足相同压力和流量的条件下,会增加水液压泵的几何尺寸及重量。综合考虑,选取 γ 为10°左右为宜。

2) 柱塞数 Z

考虑结构布置、缸体强度、流量均匀性等要求,一般选择柱塞数 Z 为7或9。

3) 柱塞直径 d 和长度 L、空腔尺寸 d_1 和 l 及分布圆直径 D

参照油压泵的设计,缸体结构参数 $k_d = Zd/\pi D = 0.5 \sim 0.8$。

柱塞直径为

$$d = \sqrt[3]{\frac{4k_d q_{th}}{Z^2 \tan\gamma}} \tag{5-11}$$

式中: q_{th} ——泵的每转排量,mL/r。

由式(5-11)计算出的数值要圆整为标准(JB826-64)中的数值。

分布圆直径为 $D = \dfrac{Zd}{\pi k_d}$,计算结果按标准圆整。

确定以上参数后,验算泵的流量是否符合设计要求,即

$$q_{th} = \frac{1}{2}\pi d^2 RZn\tan\gamma \tag{5-12}$$

式中: R ——柱塞分布圆半径;

n——泵的转速。

柱塞主要尺寸如图 5-25 所示。柱塞长度 L 与含接长度(即柱塞留缸长度)$2l$ 的比值 $2l/L$,在泵的轴向尺寸允许的条件下应越大越好,这样,不仅可以防止柱塞卡阻,还可以减小柱塞与缸体孔的接触应力。

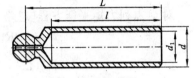

$$L=l_{amin}+S+2l \qquad (5\text{-}13)$$

式中:l_{amin}——柱塞最小外伸长度,一般取 $l_{amin}=0.2d$;

S——柱塞行程,$S=D\tan\gamma$;

图 5-25 柱塞主要尺寸

$2l$——最小含接长度,一般地,对于油压
泵 $2l=(1.5\sim2)d$。由于水的润滑性差,同等条件下水压泵的 $2l/L$ 值
应大于油压泵,取较大值。

在充分考虑柱塞强度的情况下,空腔尺寸 d_1、l 应尽量取大值,以减小柱塞的质量,从而减小柱塞运动的惯性力。

2. 柱塞副的受力分析

对柱塞进行受力分析,如图 5-26 所示,以校核柱塞的强度。

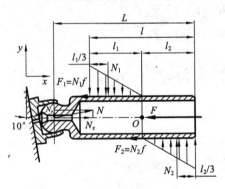

图 5-26 柱塞工作中的受力情况

工作阻力 F 为

$$F=p_s+F_m+F_t$$
$$=\pi d^2 p/4+m_p R\omega^2\tan\gamma\cos\theta+F_t \qquad (5\text{-}14)$$

式中:d——柱塞直径;

p——泵的输出压力;

m_p——单个柱塞质量;

R——柱塞分布圆半径;

ω——缸体转动角速度;

θ——柱塞随缸体转过上死点的角度;

F_t——平均每个柱塞所受弹簧的回
程力。

N 为滑靴对柱塞的支反力,将 N 分解成 N_x 和 N_y 两个分力,即

$$\begin{cases} N_x=N\cos\gamma \\ N_y=N\sin\gamma \end{cases} \qquad (5\text{-}15)$$

F_1、F_2 为缸体孔壁对柱塞的摩擦力,即

$$\begin{cases} F_1=N_1 f \\ F_2=N_2 f \end{cases} \qquad (5\text{-}16)$$

式中:f——柱塞与缸孔壁的摩擦系数。

在 x 和 y 方向列力平衡方程:

$$\begin{cases} N_x - F - F_1 - F_2 = 0 \\ N_1 - N_y - N_2 = 0 \end{cases} \tag{5-17}$$

由于 N_1、N_2 为力相似三角形,故

$$N_1 / N_2 = l_1^2 / l_2^2 \tag{5-18}$$

对 O 点列力矩平衡方程(忽略 F_1 及 F_2 的力矩 $(F_1 - F_2)d/2$):

$$\begin{cases} l = l_0 + R\tan\gamma(1 - \cos\theta) \\ N_y(L - l_2) - \dfrac{2}{3}N_1 l_1 - \dfrac{2}{3}N_1 l_1 = 0 \\ l = l_1 + l_2 \end{cases} \tag{5-19}$$

式中:l——柱塞运动过程中瞬时留缸长度;

　　l_0——柱塞位于上极点时的最短留缸长度。

将式(5-14)至式(5-19)联立解得

$$\begin{cases} N = F/(\cos\gamma - f\psi\sin\gamma) \\ N_1 = kF\sin\gamma/(k-1)(\cos\gamma - f\psi\sin\gamma) \\ N_2 = F\sin\gamma/(k-1)(\cos\gamma - f\psi\sin\gamma) \\ l_1 = l(6L - 2l - 3fd)/6(2L - l - fd) \\ l_2 = l(6L - 4l - 3fd)/6(2L - l - fd) \end{cases} \tag{5-20}$$

其中

$$\begin{cases} \psi = (k+1)/(k-1) \\ k = l_1^2 / l_2^2 = (L - l_2/3 - fd/2)/[(L - l + l_1)/3 - fd/2] \end{cases}$$

柱塞两接触端所受比压为

$$\begin{cases} [p_1] = 2N_1 / l_1 d \\ [p_2] = 2N_2 / l_2 d \end{cases} \tag{5-21}$$

柱塞在缸体孔中的线速度为

$$v = \frac{2\pi n}{60}R\tan\gamma\sin\theta \tag{5-22}$$

则柱塞接触端的 pv 值为

$$\begin{cases} pv_1 = 2N_1 v / l_1 d \\ pv_2 = 2N_2 v / l_1 d \end{cases} \tag{5-23}$$

取算例,使用 Matlab 软件计算 $0° \sim 180°$ 区间内 N_1、N_2、$[p_1]$、$[p_2]$、pv_1、pv_2 若干个点的值,并绘成曲线,如图 5-27、图 5-28、图 5-29 所示。

由图 5-27 至图 5-29 可知,柱塞前端受力 N_1 大于后端受力 N_2,且最大受

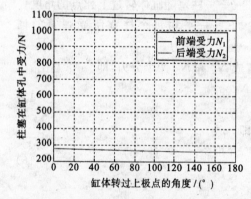

图 5-27　缸体孔壁对柱塞的支反力

力点在柱塞处于上死点位置。前端比压值 $[p_1]$ 大于后端比压值 $[p_2]$，最大值亦处于上死点位置。pv 值也是前端 pv_1 值大于后端 pv_2 值，但最大值在缸体转过上极点约 $80°$ 的位置。

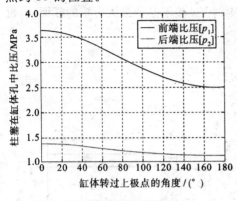

图 5-28　柱塞工作过程中前后端与
缸体孔壁的接触比压

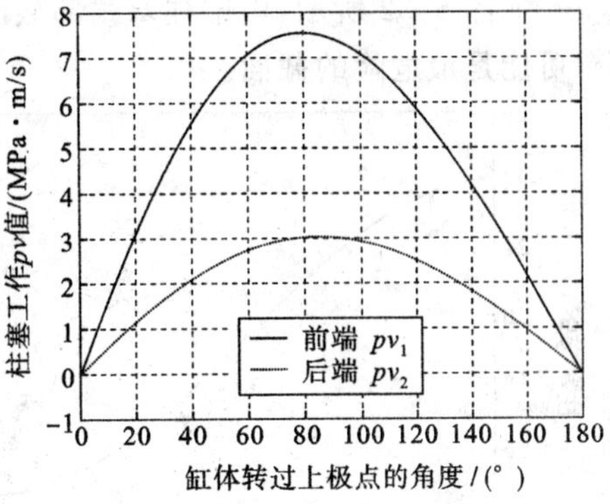

图 5-29　柱塞工作过程中前后端的 pv 值

3. 柱塞强度校核

柱塞的弯矩图如图 5-30 所示。

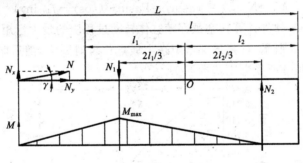

图 5-30　柱塞的弯矩图

最大弯矩为

$$M_{max} = N_x \left(L - l + \frac{1}{3} l_1 \right) = N\sin\gamma \left(L - l + \frac{1}{3} l_1 \right) \tag{5-24}$$

结合式(5-19)，使用 Matlab 计算，求出不同转角 θ 时最大的 M_{max}。取某算例，计算结果如图 5-31 所示，可以看出，最大弯矩发生在上极点。

最大弯矩处为空心圆管结构，其抗弯截面系数为

$$W = \frac{\pi(d^4 - d_1^4)}{32d} \tag{5-25}$$

故最大弯曲应力及需满足的条件为

$$\sigma_{\max} = \frac{M_{\max}}{W} \leqslant [\sigma_b] \tag{5-26}$$

式中：$[\sigma_b]$——柱塞材料的许用抗拉强度。

如图 5-32 所示，由于柱塞颈部截面积较小，虽然不是受最大弯矩的截面，但也有可能是最危险的截面。

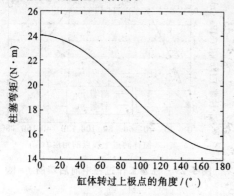

图 5-31　柱塞工作中所受弯矩

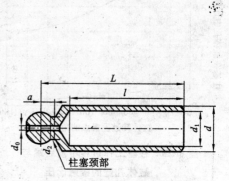

图 5-32　柱塞颈部示意图

轴颈处的弯矩为

$$M_j = N_x \cdot a = Na\sin\gamma = Fa\sin\gamma/(\cos\gamma - f\psi\sin\gamma) \tag{5-27}$$

运用 Matlab 软件计算柱塞颈部随缸体转动过程中的最大弯矩。作为算例，计算结果如图 5-33 所示，柱塞颈部弯矩在上极点位置时最大，随后略微减小。柱塞在工作过程中颈部所受弯矩基本不变。

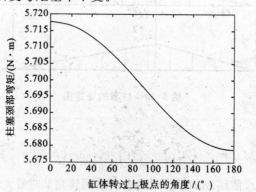

图 5-33　柱塞工作中颈部所受弯矩

4. 回程弹簧设计

若采用分散回程弹簧，弹簧根数为 z，弹簧一端通过顶杆顶住球铰，压紧回程盘，使滑靴及柱塞回程，另一端顶住浮动衬板，使其与配流盘压紧，形成接触密封。若要驱动柱塞回程，弹簧预压力需克服柱塞惯性力、低压区柱塞吸入真空力及缸壁的摩擦力。同时,要满足密封要求,需要提供低压区柱塞密封力。

柱塞副惯性力 $\sum F_1$ 为

$$\sum F_1 = \xi m_{ps} R \omega^2 \tan\gamma \tag{5-28}$$

式中:ξ——惯性力综合系数;

m_{ps}——柱塞及滑靴的质量,kg。

柱塞吸入真空力 $\sum F_2$ 为

$$\sum F_2 = z_1 \frac{\pi}{4} d^2 p_v \tag{5-29}$$

式中:z_1——处于吸水行程的最大柱塞个数;

p_v——柱塞腔内允许的真空度。

低压区滑靴与斜盘之间的密封力 $\sum F_3$ 为

$$\sum F_3 = z_1 \pi (r_1^2 - r_2^2) \sigma_k \cos\gamma \tag{5-30}$$

式中:r_1,r_2——滑靴底部密封带的外半径和内半径;

σ_k——柱塞吸水行程滑靴与斜盘间的最小密封压力。

低压区柱塞所受摩擦力 $\sum F_4$ 为

$$\sum F_4 = f\left(\sum F_3 \tan\gamma + z_1 m_{ps} \omega^2 R\right) \tag{5-31}$$

弹簧的作用力分摊在包括高压区和低压区在内的所有滑靴上,若要使每个低压区柱塞都正常工作,须满足

$$\frac{\sum F_t - \sum F_1}{Z} \geqslant F_2 + F_3 + F_4 \tag{5-32}$$

即

$$\sum F_t \geqslant \sum F_1 + Z(F_2 + F_3 + F_4)$$

每个弹簧力应为

$$F_t \geqslant \sum F_t / Z \tag{5-33}$$

5. 缸体的强度、刚度校核

1) 缸体的强度校核

缸体的强度校核采用厚壁圆筒法。如图 5-34 所示,最小壁厚发生在柱塞孔与缸体外圆之间。

将柱塞孔看成一个内径为 d_1,外径为 d_2 的假想厚壁圆筒。

其中,令 $r_1 = d_1/2 = d/2$,$r_2 = d_2/2$,则最小壁厚为

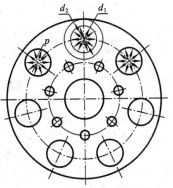

图 5-34　缸体壁厚示意图

$$\delta_{min} = r_2 - r_1$$

柱塞孔内壁任意一点最大切向拉应力为

$$\sigma_1 = \frac{r_2^2 + r_1^2}{r_2^2 - r_1^2} p \tag{5-34}$$

式中：p——缸体孔内压力，MPa。

如缸体材料选为塑性材料黄铜 HNi56-5，宜采用第四强度理论计算，即

$$\sigma = \frac{\sqrt{3d_2^4 + d_1^4}}{d_2^2 - d_1^2} p \leq [\sigma_b] \tag{5-35}$$

式中：$[\sigma_b]$——黄铜 HNi56-5 的许用抗拉强度，$[\sigma_b] = 400$ MPa。

2）缸体的刚度校核

缸体柱塞孔的径向变形为

$$\begin{cases} \Delta d = \dfrac{d_1}{2E}(\sigma_1 + \mu p) \\ \Delta d \leq [\Delta d] = 5 \sim 7 \ \mu m \end{cases} \tag{5-36}$$

式中：E——材料弹性模量；

　　　μ——材料泊松系数；

　　　$[\Delta d]$——缸体柱塞孔允许的径向变形。

6. 缸体轴的强度、刚度校核

（1）弯曲强度校核　以 7 个柱塞的通轴泵为例。在校核缸体轴弯曲强度时，只考虑缸体受到的柱塞侧向力和轴两端滑动轴承支反力。缸体所受的侧向力来自斜盘对滑靴的支反力。

如图 5-35 所示，配流盘纵轴线为死点轴，当缸体相对配流盘转角 $\varphi = \omega t$ 不同时，柱塞腔中水压力不同，处于高压区和低压区的柱塞数也不一样，每 51.4°（360°/7）

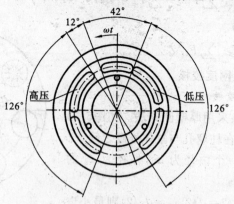

图 5-35　配流盘示意图

为一个变化周期。为精确计算缸体所受侧向力,根据缸体转角 φ 的不同,分别计算侧向力 F_c。

当缸体轴转至预升压区时,即 $0° \leqslant \varphi \leqslant 12°$ 时,柱塞泵的 7 个柱塞中,有 3 个柱塞处于高压区,3 个处于低压区,还有 1 个处于预升压区。侧向力 F_c 为

$$F_c = \frac{\dfrac{\pi d^2}{4}(3p_s + p_{up}) + \sum F_t}{\cos\gamma} \tag{5-37}$$

式中: p_{up}——预升压区柱塞腔中水的压力,由于预升压区压力曲线接近线性,可近

似取 $p_{up} = \dfrac{\varphi}{\Delta\varphi} \times p_s$;

$\sum F_t$——弹簧回程力;

γ——斜盘倾角;

p_s——高压区柱塞腔水压力。

当 $12° \leqslant \varphi \leqslant 25.7°$ 时,有 4 个柱塞处于高压区,3 个柱塞处于低压区。侧向力 F_c 为

$$F_c = \frac{\dfrac{\pi d^2}{4}p_s \times 4 + \sum F_t}{\cos\gamma} \tag{5-38}$$

当 $25.7° \leqslant \varphi \leqslant 37.7°$ 时,有 3 个柱塞处于高压区,3 个柱塞处于低压区,还有 1 个处于预降压区。侧向力 F_c 为

$$F_c = \frac{\dfrac{\pi d^2}{4}(3p_s + p_{down}) + \sum F_t}{\cos\gamma} \tag{5-39}$$

式中: p_{down}——预降压区柱塞腔中水的压力,类似预升压腔压力 p_{up},近似取 p_{down}

$= p_s - \dfrac{\varphi - 25.7°}{\Delta\varphi} \times p_s$。

当 $37.7° \leqslant \varphi \leqslant 51.4°$ 时,有 3 个柱塞处于高压区,4 个柱塞处于低压区。侧向力 F_c 为

$$F_c = \frac{\dfrac{\pi d^2}{4}p_s \times 3 + \sum F_t}{\cos\gamma} \tag{5-40}$$

由于 p_{up}、p_{down} 均小于 p_s,故最大侧向力应发生在 $12° \leqslant \varphi \leqslant 25.7°$ 时,因此,最大侧向力按式(5-38)计算。

计算缸体轴支承轴承受力(F_1 为后轴承径向力、F_2 为前轴承径向力),如图 5-36所示。

列力矩方程为

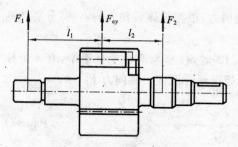

图 5-36　缸体轴受力示意图

$$\begin{cases} F_{cy} = F_c \cdot \sin\gamma \\ F_1 \cdot l_1 = F_2 \cdot l_2 \\ F_1 + F_2 = F_{cy} \end{cases} \quad (5\text{-}41)$$

为便于仿真,以得到缸体的侧向偏移,将缸体与轴当成一体进行仿真。如图 5-37 所示,通过有限元分析软件 ANSYS 仿真得到缸体轴的最大弯曲应力。

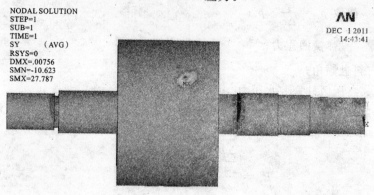

图 5-37　缸体轴应力分布图

(2) 缸体轴的剪切强度校核　如图 5-38 所示,f_{cy} 为高压区每个柱塞孔所受 y 方向侧向力。当缸体转角 φ 变化时,缸体对泵轴的侧向力矩 M_{cy} 也在变化。

结合上面对缸体侧向力的分析,得到泵轴所受侧向力矩变化如下。

当 $0° \leqslant \varphi \leqslant 12°$ 时,有

$$M_{cy} = \frac{\pi d^2 R}{4} \left[p_s \sum_{i=1}^{3} \sin\left(\frac{i \times 360°}{7} + \varphi\right) + p_{up} \sin\varphi \right] \quad (5\text{-}42)$$

当 $12° \leqslant \varphi \leqslant 25.7°$ 时,有

$$M_{cy} = \frac{\pi d^2 p_s}{4} R \sum_{i=0}^{3} \sin\left(\frac{i \times 360°}{7} + \varphi\right) \quad (5\text{-}43)$$

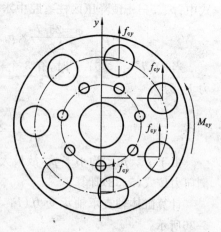

图 5-38　缸体对轴的侧向力矩示意图

当 $25.7° \leqslant \varphi \leqslant 37.7°$ 时,有

$$M_{cy} = \frac{\pi d^2 R}{4}\left[p_s \sum_{i=0}^{2} \sin\left(\frac{i \times 360°}{7} + \varphi\right) + p_{down}\sin\left(\frac{3 \times 360°}{7} + \varphi\right) \right] \quad (5\text{-}44)$$

当 $37.7° \leqslant \varphi \leqslant 51.4°$ 时,有

$$M_{cy} = \frac{\pi d^2 p_s}{4}R \sum_{i=0}^{2} \sin\left(\frac{i \times 360°}{7} + \varphi\right) \quad (5\text{-}45)$$

取算例,运用 Matlab 软件绘出泵轴扭矩随缸体转角的变化曲线,如图 5-39 所示。以最大力矩进行抗剪强度校核。

$$\tau_{max} = M_{cy\,max}/W < [\tau] \quad (5\text{-}46)$$

式中:$[\tau]$——缸体轴材料的许用抗剪强度,如为 17-4PH 不锈钢,$[\tau] \geqslant 284$ MPa;

　　　W——抗扭截面模量,$W = \pi D^3/16$。

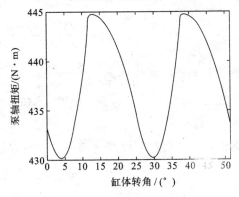

图 5-39　泵轴扭矩随缸体转角的变化曲线　　　　图 5-40　简化型滑靴示意图

7. 滑靴设计

以图 5-40 所示没有辅助支承的滑靴结构为例,采用剩余压紧力法进行设计。

设 R_1、R_2 为滑靴密封面内、外半径。取 $R_1 + R_2 = d$,d 为柱塞直径,且一般有

$$R_1 - R_2 \approx (0.1 \sim 0.15)d$$

校核滑靴平衡系数 m。

密封面半径 r 处水膜压力为

$$p_r = p_1 \frac{\ln(R_2/r)}{\ln(R_1/R_2)} \quad (5\text{-}47)$$

式中:p_1——滑靴底部水腔的压力,p_1 约等于柱塞腔压力 p_s。

滑靴底部水的总推力为

$$F = \pi R_1^2 p_1 + \int_{R_1}^{R_2} 2\pi r p_r\,dr = \frac{\pi}{2}\frac{R_2^2 - R_1^2}{\ln(R_2/R_1)}p_1 \quad (5\text{-}48)$$

平衡系数 m 为

$$m=\frac{F\cos\gamma}{P}=\frac{\frac{\pi}{2}\left(\frac{R_2^2-R_1^2}{\ln(R_2/R_1)}\right)p_1\cos\gamma}{\frac{\pi}{4}d^2p_s}=2\frac{R_2^2-R_1^2}{d^2\ln(R_2/R_1)}\cos\gamma \tag{5-49}$$

式中：P——作用在柱塞端面的液压力。

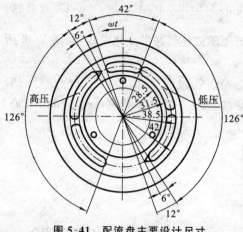

图 5-41　配流盘主要设计尺寸

一般 m 为 $0.98\sim1.0$ 为宜。

8. 配流盘设计

配流盘主要设计尺寸如图 5-41 所示，采用剩余压紧力法设计，缸体端面柱塞孔窗口的包角为 α_1。

初步估算高压区、低压区闭死角 $\Delta\varphi_1$、$\Delta\varphi_2$，即

$$\begin{cases}\Delta\varphi_1=\arccos\left[1-2\left(1+\frac{4V_0}{\pi d^2 S}\right)\frac{p_s-p_0}{E}\right]\\[2mm]\Delta\varphi_2=\arccos\left[1-\frac{8V_0}{\pi d^2 S}\frac{p_s-p_0}{E}\right]\end{cases} \tag{5-50}$$

式中：E——水的体积弹性模量，$E=2.4\times10^9$ GPa。

通常，装配时将配流盘相对斜盘的位置偏转采用与开设卸荷槽相结合的方法设计。

计算压紧系数 ε，即

$$\varepsilon=\frac{\pi d^2 Z}{\left[\frac{R_4^2-R_3^2}{\ln(R_4/R_3)}-\frac{R_2^2-R_1^2}{\ln(R_2/R_1)}\right]\left[\pi-\alpha_1\left(1-\frac{\alpha_1}{\alpha}\right)\right]} \tag{5-51}$$

式中：α——相邻柱塞孔间的夹角，$\alpha=360°/7=51.4°$；

R_4、R_3——腰形槽外密封带大小半径；

R_2、R_1——腰形槽内密封带大小半径。

一般压紧系数为 $1.0\sim1.1$ 为宜。

9. 配流盘结构优化

由于水的密度大而压缩性小，配流过程中柱塞腔高低压的交替变化引起的压力冲击将会增大，导致振动噪声问题更为严重。因此，分析配流盘主要结构参数对压力冲击特性的影响，优化配流盘结构，这对研制采用配流盘配流的水液压泵具有重要意义。

1）减振槽结构的影响

根据配流盘阻尼槽的截面形状，取三角槽、三角矩形槽和 U 形槽这三种阻尼

结构,如图 5-42 所示,比较它们在减振降噪特性上的特点。三种结构的通流面积可根据其几何关系得到。

对于三角槽,由图 5-42(a)可知,当 $\triangle abc$ 与直线 he 垂直时,通流截面才取得最小值,故

$$S_{\min}=R_{\mathrm{p}}^2\varphi^2\sin\theta_1\tan\theta_1\tan\frac{\theta_2}{2} \tag{5-52}$$

式中:R_{p}——配流盘配流窗口的中心线半径;

φ——缸体衬板转角;

θ_1——直线 he 与配流面的夹角;

θ_2——$\angle fhg$。

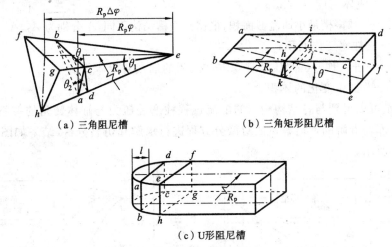

（a）三角阻尼槽　　　　　　　（b）三角矩形阻尼槽

（c）U 形阻尼槽

图 5-42　减振阻尼槽结构示意图

对于三角矩形槽,其通流截面为矩形,当矩形 $hijk$ 与矩形 $abef$ 垂直时,矩形 $hijk$ 为三角矩形槽的最小通流面积,则

$$A_0=BR_{\mathrm{p}}\varphi\sin\theta \tag{5-53}$$

式中:B——减振槽的宽度。

对于 U 形槽,通流面积是分段函数,当缸体衬板在直线 ef 之前时,U 形槽的通流面积为

$$A_{01}=2H\sqrt{\left(\frac{B}{2}\right)^2-\left(\frac{B}{2}-R_{\mathrm{p}}\varphi\right)^2} \tag{5-54}$$

式中:B——减振槽的宽度;

H——减振槽的深度。

当缸体衬板转过直线 ef 之后,U 形槽的通流面积为

$$A_{02} = BH \tag{5-55}$$

依次将以上得到的减振槽通流截面积表达式代入如下配流盘预升压、预卸压过程中的压力微分方程。

预升压：
$$\frac{\mathrm{d}p}{\mathrm{d}\varphi} = E\frac{\omega AR\tan\gamma\sin\varphi + A'C_{\mathrm{q}}\sqrt{\dfrac{2(p_{\mathrm{s}}-p)}{\rho}}}{\omega(V_0+V')} \tag{5-56}$$

预卸压：
$$\frac{\mathrm{d}p}{\mathrm{d}\varphi} = E\frac{\omega AR\tan\gamma\sin\varphi - A'C_{\mathrm{q}}\sqrt{\dfrac{2(p-p_0)}{\rho}}}{\omega(V_0+V')} \tag{5-57}$$

式中：C_{q}——阀口流量系数；

　　　　ρ——流体密度，$\mathrm{kg/m^3}$；

　　　　A'——减振槽最小通流截面积，根据减振槽结构不同，A'分别为 A_0、A_{01}、A_{02}；

　　　　A——柱塞工作面积；

　　　　V——进入预升（卸）压区柱塞缸被封闭的油液初始体积；

　　　　V'——缸中变化的体积。

于是可以得到与各结构相应的配流过程柱塞腔压力与缸体转角的关系方程，用龙格-库塔五阶的数值解析法对微分方程进行求解和仿真分析，结果如图 5-43、图 5-44 所示。

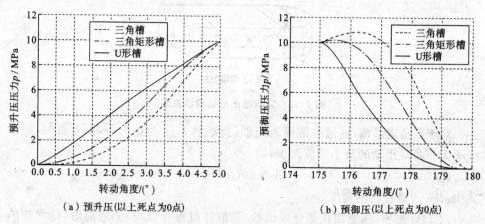

（a）预升压（以上死点为0点）　　　　　（b）预卸压（以上死点为0点）

图 5-43　三种不同减振槽的预升压、预卸压压力曲线

由图 5-43 和图 5-44 可知，在预升压过程中，三角槽在缸体衬板刚刚进入闭死区间时，压力升高缓慢，升压梯度也较为平缓，但是随着衬板和缸体轴继续转动，压力迅速升高，升压梯度也迅速加大，这对减小轴向柱塞泵的噪声和冲击不利。因此，三角槽并不适合用在配流盘的预升压区。三角矩形槽比三角槽在压力变化梯度方面有所改善，但是还不够理想，仍没有起到充分降低泵的冲击和噪声的作用。

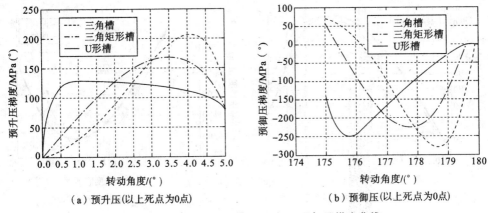

（a）预升压(以上死点为0点)　　　　　　　　（b）预御压(以上死点为0点)

图 5-44　三种不同减振槽的预升压、预卸压梯度曲线

U 形槽在衬板进入预升压区时,尽管压力升高较快,但随着缸体衬板的转动,压力升高速度减慢,压力的变化梯度接近线性化,这对降低泵的冲击和噪声非常有利。在预卸压过程中,由于配流盘相对斜盘在安装时有一偏转角,缸体衬板在进入预卸压区时,还没有通过下死点,所以柱塞还是处于压缩过程中,由图 5-43 可以看出,三角槽在预卸压初期并没有起到很好的卸压作用,但随着缸体衬板的继续转动,柱塞腔中的压力又迅速降低,压力的变化梯度较大,因此,三角槽也不适合用在配流盘的预卸压区。三角矩形槽比三角槽在压力变化梯度方面有所改善,有利于降低泵的压力冲击和噪声。U 形槽起到了降低柱塞机械压缩所产生压力的作用,但是降压梯度峰值比三角矩形槽的梯度峰值大,故其在降低泵的压力冲击和振动方面较三角矩形槽差。

2）柱塞余隙容积的影响

柱塞腔中的余隙容积与预升压、预卸压的压力梯度密切相关。利用 Matlab 对两种不同结构柱塞(空心柱塞和填充柱塞)对配流过程的影响进行仿真,结果如图 5-45 所示。

图 5-45 中,曲线 1 为空心柱塞结构预升压、预卸压压力梯度曲线,曲线 2 为填充柱塞结构预升压、预卸压压力梯度曲线。由图可知:在预升压区,填充柱塞和空心柱塞对泵的冲击影响区别并不十分明显;在预卸压区,填充柱塞不利于降低泵的冲击和噪声。这说明,适当增大柱塞的余隙容积有利于降低泵的冲击和噪声,不过设计时还要考虑闭死容积对容积损失的影响。

3）错配角的影响

错配角 φ_0 的物理意义是配流盘安装位置相对于死点轴的转角,配流盘安装到泵体上时,其纵轴不与死点轴重合,而是向转子旋转方向旋转了 φ_0 角。分别取 $\varphi_0 = 1.5°$、$\varphi_0 = 2.5°$、$\varphi_0 = 3.5°$时的预升压、预卸压压力梯度变化进行分析对比,如图 5-46

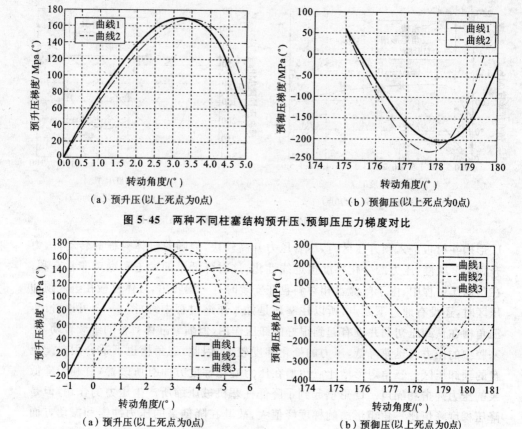

（a）预升压(以上死点为0点)　　　　　　（b）预御压(以上死点为0点)

图 5-45　两种不同柱塞结构预升压、预卸压压力梯度对比

（a）预升压(以上死点为0点)　　　　　　（b）预御压(以上死点为0点)

图 5-46　不同错配角时的预升压、预卸压压力梯度曲线

所示。

图 5-46 中，曲线 1 为 $\varphi_0 = 1.5°$时预升压、预卸压压力梯度曲线，曲线 2 为 $\varphi_0 = 2.5°$时预升压、预卸压压力梯度曲线，曲线 3 为 $\varphi_0 = 3.5°$时预升压、预卸压压力梯度曲线。由图可知：取 $\varphi_0 = 1.5°$时，预升压、预卸压的压力梯度都较高，不利于降低泵的压力冲击和噪声；$\varphi_0 = 2.5°$时预升压、预卸压压力梯度都有所降低，但是仍不是最优的方案；$\varphi_0 = 3.5°$时预升压、预卸压压力梯度较前两种降低很多，这对降低泵的压力冲击和噪声很有帮助。因此，在进行配流盘的安装时，适当增加错配角 φ_0，有利于发挥减振槽的减振效果。

4）正遮盖、零遮盖和负遮盖的影响

为研究配流副在过渡区的遮盖角对预升压、预卸压压力梯度影响，分别取 $\Delta\varphi = 4°$为正遮盖，取 $\Delta\varphi = 5°$为零遮盖，取 $\Delta\varphi = 6°$为负遮盖进行仿真，结果如图 5-47 所示。

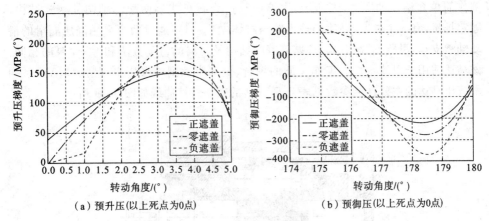

（a）预升压(以上死点为0点)　　　　　　　　（b）预御压(以上死点为0点)

图 5-47　正遮盖、零遮盖、负遮盖时预升压、预卸压压力梯度曲线

由图可知,正遮盖由于在缸体衬板腰形槽与配流槽接通前完全处于闭死压缩区,减振槽没有发挥任何作用,因此升压缓慢,梯度较小,但随着缸体衬板转角的增大,柱塞腔中的压力迅速变化,预升压梯度和预卸压梯度均较大,这不利于降低泵的振动和噪声。零遮盖时衬板腰形槽在上死点,正好与高压槽上的减振槽连通,随着转角的变化,柱塞腔中的压力也随之变化,压力的变化不仅仅来源于柱塞的压缩,同时由于柱塞腔与配流槽存在压力差,高压水通过减振槽也影响着柱塞腔中的压力,这种遮盖方式在一定程度上缓解了泵的压力冲击和噪声。负遮盖时,在柱塞腔中体积开始变化前就已经提前与配流槽的减振槽接通,这使得压力缓慢变化,预升压、预卸压梯度较正遮盖和零遮盖都较低,这有利于降低泵的压力冲击和噪声,但负遮盖会降低泵的容积效率。

综合以上仿真研究可知,对于三角槽、三角矩形槽和 U 形槽三种不同结构的减振槽,在预升压区 U 形槽优于其他两种减振槽,而在预卸压区三角矩形槽则优于三角槽和 U 形槽。适当增加柱塞余隙容积有利于降低泵的压力冲击和噪声。选择错配角时,当 $\varphi_0 = \Delta\varphi/2$ 时,柱塞腔中的压力变化更加平缓,更有利于降低冲击和噪声。选择负遮盖形式更有利于降低泵的冲击和噪声,但这种遮盖形式较正遮盖、零遮盖的泄漏增大。

5.5　水液压马达

水液压马达与水液压泵在性能要求上存在很多不同,如马达要求能正反转、启动效率高、低速稳定性好和转速范围宽等。水液压马达的研制与水液压泵一样会面临腐蚀、泄漏、磨损等主要关键技术问题。下面以 Danfoss 研制的水液压马达为例作简单介绍。如图 5-48 所示,水液压马达为斜盘式端面配流轴向柱塞式结构,固定排量,有 5 个柱塞,马达的输出轴与缸体做成一体,通过两个采用静压润滑的滑动轴承支承,滑靴副、配流副、柱塞副等的结构及材料的组配方法和 PAH 泵的相同,该马达适用于以淡水作为工作介质的场合,全部摩擦副均采用水润滑。MAH 系列水液压马达的主要性能参数见表 5-5,马达的效率特性曲线如图 5-49 所示。

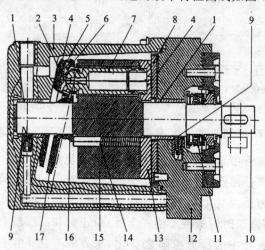

图 5-48　MAH 系列水液压马达的结构

1—轴承;2—滑靴静压支承;3—壳体;4—增强工程塑料;5—斜盘;6—滑靴;7—柱塞;8—配流盘;
9—静压支承轴承;10—传动轴;11—轴封;12—端盖;13—浮动盘;14—弹簧;15—缸体;16—球铰;17—保持架

表 5-5　MAH 系列水液压马达的性能参数

型　　号	MAH4	MAH5	MAH6.3	MAH8	MAH10	MAH12.5
理论排量/(mL/r)	4	5	6.3	8	10	12.5
最高转速/(r/min)	3 500	3 500	3 500	3 000	3 000	3 000
最大转矩/(N·m)	8.3	10.5	13.3	17	21	25.5
最大功率/kW	3	3.8	4.9	5.3	6.4	7.8
最高压力/MPa	14	14	14	14	14	14
最大流量/(L/min)	17.5	21	25.5	27.5	33	41
最大压力条件下的启动转矩/(N·m)	4	6	8.5	8.5	12	16.5
最低转速/(r/min)	300	300	300	300	300	300
质量/kg	2.8	2.8	2.8	4.2	4.2	4.2
过滤要求	10μm					

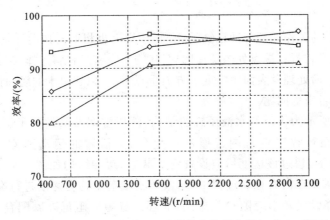

图 5-49　MAH12.5 型水液压马达的效率特性曲线(p 为 14 MPa)

MVM 型水液压马达为叶片式结构,适用于淡水工作环境;可用于食品工业中的传送带、搅拌机,以及造纸、化工、制药、船舶及矿山机械等,主要性能参数见表 5-6。

表 5-6　MVM 型低速大扭矩水液压马达的性能参数

公称排量/(mL/r)	160
最高转速/(r/min)	200
最低转速/(r/min)	15
最大流量/(L/min)	36
最大转矩/(N·m)	100
5 MPa 时的启动转矩/(N·m)	80
最高压力/MPa	5
质量/kg	17.5

5.6　水液压缸

液压缸是输出直线运动和作用力的液压执行元件,与油压缸一样,根据使用要求和安装方式等不同,水液压缸可设计成不同的形式。水液压缸的结构相对简单,密封和摩擦磨损问题并不像液压泵及液压马达那么突出,因此研制的难度较小。

水液压缸的应用范围很广,在现阶段主要用于取代高水基液压系统中的液压缸,如煤矿支架系统、重型压力机等,在防燃防爆的同时,还能减少介质泄漏对环境的污染。水液压缸还可用于一些清洁卫生要求较高的设备,如液压电梯、食品加工机械等。

　　水液压缸的工作原理与油压缸的相同,结构上也相似。在设计中主要解决耐蚀、泄漏和柱塞在行程端点处的缓冲问题,还需要在密封材料选择、配合间隙控制、活塞及缸筒表面处理及表面粗糙度等方面重点考虑,以解决水的腐蚀性强、润滑性差、黏度低等带来的问题。

　　图5-50所示为汉尼芬水液压缸的结构,液压缸两端均设置了缓冲装置。为了防止活塞在行程终点对端盖撞击产生危害,活塞的运动速度一般限制在0.125 m/s以下,超过该速度后应设置缓冲装置,缓冲结构如图5-51所示。活塞端部的阻尼活塞在向右移动过程中,与液压缸端盖上的孔逐渐进行配合,使活塞右腔回水只能经过环形缝隙和节流阀,而环形缝隙的阻尼随着配合长度的增加而增大,从而使活塞右腔的回水背压增大,活塞运动速度降低。调节节流阀开度,可以调节回水背压大小。活塞反向运动时,起始阶段压力水经单向阀进入活塞右腔。

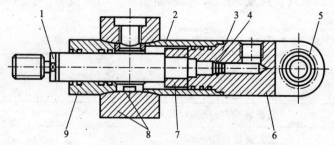

图 5-50　汉尼芬水液压缸的结构

1—镀铬不锈钢;2、3、5、6、8—不锈钢;4—青铜;7、9—黄铜

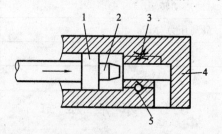

图 5-51　液压缸缓冲结构

1—活塞;2—阻尼孔;3—节流阀;4—端盖;5—单向阀

　　以上缓冲结构的设计原理与油压缸相同,所以具体设计计算方法可以借鉴油压缸的设计,只是要考虑水的低黏性,合理控制阻尼活塞与阻尼孔的配合间隙,在设计时还应注意避免水流对节流阀阀口的侵蚀。

　　Danfoss公司生产了一系列不同形式的水液压缸,其性能参数见表5-7。

表 5-7　Danfoss 水液压缸的性能参数

额定压力/MPa	16
实验压力/MPa	24
活塞直径/mm	32～100
活塞杆直径/mm	18～56
最高输出速度/(m/s)	0.2
适用介质	自来水
工作温度范围/℃	+1～+50
过滤精度/(μm)	$10(\beta_{10}=75)$
安装方位	不限

第6章 水液压控制阀

与油压阀类似,水液压控制阀可以按照功用、推动阀芯动作的作用力来源、阀口结构特点等进行分类。本章主要讨论水液压阀设计中的共性问题,并给出具体设计实例。

6.1 水液压控制阀设计中的主要问题

水液压阀的结构原理、设计基本方法与油压阀的相似,但在设计过程中应考虑水的理化特点,除了防止腐蚀外,还要注意解决以下几个方面的问题。

(1) 气穴、气蚀问题 避免或减轻气穴、气蚀危害的措施可分为主动型和被动型两类。常用的主动型措施有两种:一种是避免阀口部位出现临界压差;另一种是用一个干扰流束来影响阀口位置的主流束。常用的被动措施也有两种:一种是研究影响气穴的主要结构参数,进行结构优化;另一种是选用抗气蚀材料。实践证明,在水液压控制阀中采用诸如球头形、抛物面形等特殊结构的阀芯对提高阀的控制性能、延长使用寿命非常有效。

图 6-1 和图 6-2 所示为两种常见的阀口结构。图 6-1 所示为高压引流结构,通过将入口高压流体经小孔引到出口低压区,提高出口区的压力,从而减小阀口前后的压差。图 6-2 所示为多级节流结构,通过将单级节流分解为多级节流串联,减小了每级节流口的压差。

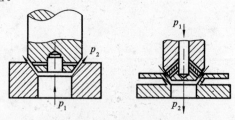

图 6-1 高压引流结构

不同的阀芯结构抵抗气蚀的性能存在差异,国内学者曾用水包油乳化液作为介质,对阀口在不同开度下工作 50 h 之后的质量损失情况进行实验,实验结果见表 6-1,由表中可知:

① 开度越大,气蚀侵蚀越严重,这可能是由于开度增大而使流量增大及流速

增加的缘故；

　② 不同的阀芯结构抗气蚀能力不尽相同，在所试验的几种阀里，平板阀的抗气蚀性能最好；

　③ 阀芯比阀座所受的气蚀更严重。

　（2）泄漏问题　在同样的压差和配合间隙下，水液压控制阀的泄漏为油压阀的数十倍，因此，若采用间隙配合，配合间隙将会很小，为 $3.8 \sim 8 \ \mu m$，这对机械加工工艺提出很高的要求。

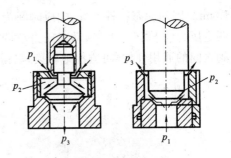

图 6-2　多级节流结构

表 6-1　不同阀芯在不同开度下的质量损失情况对比表

阀芯形状	开度/mm	硬铝合金试件在水包油乳化液中实验 50 h 的质量损失/g	
		阀芯	阀座
锥阀芯	1.25	0.820	0.154
	0.125	0.280	0.065
球阀芯	1.25	0.360	0.045
	0.125	0.080	0.009
平板阀芯	1.25	0.210	0.174
	0.125	0.090	0.108

　（3）摩擦磨损问题　对于多位换向阀，滑阀是较好的结构形式，但要解决阀芯与阀套的摩擦磨损问题。由于锥阀和球阀结构密封效果好，因此，目前在水液压阀的研制中使用较多，但球阀的通径一般小于 12 mm。

　（4）拉丝侵蚀问题。水的黏度低，在同样压差和缝隙条件下，水通过缝隙时的流动速度高于油，且水的密度高于油，因此，水对构成缝隙的零件表面的冲刷作用更大，更易发生拉丝侵蚀。

6.2　水液压控制阀研究概述

　目前，有些水液压控制阀的性能水平已接近或达到同类油压阀的水平，但在水液压伺服阀、数字控制阀等高性能阀中仍存在一些亟待解决的技术问题。

　美国 Elwood 公司研制的水液压控制阀如图 6-3 所示，其中先导式水液压溢流阀工作压力范围为 $2 \sim 51$ MPa，工作温度范围为 $1 \sim 66$ ℃，最大流量为 380

L/min,阀的动态特性良好,响应时间为 110 ms,恢复时间为 150 ms,开启压力为调定压力的 88%~90%,动态压力超调量约为调定压力的 110%。溢流阀与减压阀之间的通用性好,可方便地转换,只需更换主阀阀芯、弹簧,并调换进出口即可。

图 6-3　Elwood 公司研制的水液压控制阀

丹麦 Danfoss 公司于 1994 年研制出 Nessie® 系列水液压控制阀,图 6-4 所示为其流量阀和方向阀。流量阀的压力为 14 MPa,最大流量为 30 L/min;方向阀的压力为 14 MPa,最大流量为 60 L/min。由于广泛采用了不锈钢和工程塑料,其水液压元件的寿命达到甚至超过了油压阀。

　　　　　（a）流量阀　　　　　　　　（b）方向阀

图 6-4　Danfoss 公司研制的水液压控制阀

Danfoss 公司生产的水液压电磁开关阀具有启闭迅速、工作稳定可靠、压力损失小、泄漏量小等优点,其流量范围为 30~120 L/min,工作压力为 8~14 MPa。

德国 Hauhinco 公司于 1995 年研制成功陶瓷阀芯的水液压滑阀,如图 6-5 所示,换向阀的功能有两位两通、两位三通、三位三通、两位四通、三位四通。利用球阀结构简单、密封性好的特点,该公司研制了比例水液压球阀,球阀阀芯用不锈钢

图 6-5　Hauhinco 公司研制的陶瓷阀芯水液压控制阀

或陶瓷制造。图 6-6 所示为一种滑阀式水液压伺服阀的结构,其阀芯和阀套采用工程陶瓷,额定压力为 14 MPa,最大流量为 60 L/min,开启压力为 0.3 MPa。

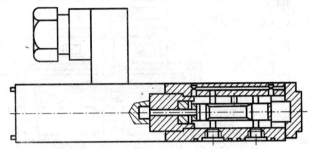

图 6-6　Hauhinco 公司研制的水液压伺服阀的结构

Rexroth 公司生产的以水或高水基液作介质的二位二通阀,工作温度范围为 5~55℃,阀的额定工作压力可达 42 MPa。该公司生产的 ATEX® 系列水液压电磁开关阀有直动式和先导式两种结构形式,如图 6-7 所示。先导式水液压电磁开关阀最大工作压力可达 42 MPa,额定流量有 12 L/min、25 L/min 及 40 L/min,该系列的开关阀响应速度快、工作稳定。

图 6-7　ATEX® 系列水液压电磁开关阀

德国 MOOG 公司研制的四通滑阀型水液压伺服阀工作压力为 7 MPa,流量为 24 L/min,响应频率达 40 Hz 以上。

日本荏原(Ebara)制作所与神奈川大学合作研制的水液压伺服阀如图 6-8 所示,由喷嘴挡板阀和三位四通滑阀组成二级结构,阀的额定压力为 14 MPa,流量可达 80 L/min,设计中采用静压支承减小阀芯与阀套间的摩擦,静压轴承腔与喷嘴挡板阀口通过阀体流道相通,从而减少了流量损失。采用电感式位移传感器检测阀芯位置,输出电信号反馈至放大器的输入端,形成闭环控制。阀体为不锈钢,阀芯和阀套为工程陶瓷。

东京计器研制出喷嘴挡板式单级和双级两种水液压伺服阀,用于原子能动力站,其双级水液压伺服阀的工作压力为 21 MPa,流量为 20 L/min,响应频率达 200 Hz。

图 6-9 所示为荏原(Ebara)公司研制的水液压比例控制阀。阀芯在比例电磁

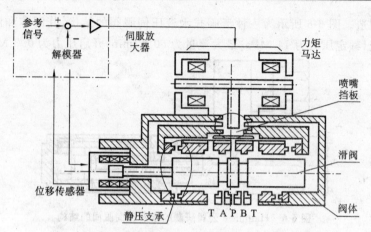

图 6-8　荏原制作所与神奈川大学研制的水液压伺服阀

铁的驱动下克服弹簧力沿阀套轴向运动以调节阀口的开度,阀芯两端安装静压轴承以减小阀芯的运动阻力,同时,使阀腔通过此轴承与阀体上的流道与出口相通,从而保证阀腔内的介质清洁。在阀体流道上设置阻尼器,以增加阀芯运动的稳定性,减小换向冲击。阀为闭环控制,通过位移传感器检测阀芯位移,并反馈到放大器输入端,使阀芯的位置不断得到校正,从而极大地减小电磁铁引起的滞回影响,提高控制精度。该阀的最大流量为 35 L/min,额定压力为 7 MPa,内泄漏量低于 0.7 L/min,阀芯的遮盖量约为全程的 5%。

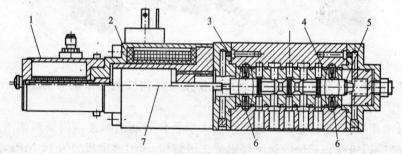

图 6-9　荏原公司研制的水液压比例控制阀

1—位移传感器;2—比例电磁铁;3—阻尼器;4—阀套;5—阀芯;6—静压轴承;7—支承轴承

　　芬兰 Tampere 工业大学与 Hytar Oy 公司合作研制成功了阀芯为陶瓷材料的比例阀。

6.3　水液压阀的阀口流动特性

　　水液压阀的设计需要建立在对阀口过流规律的正确认识之上。油压阀的设计已有较成熟的设计方法和阀口流动参数参考,阀口的流动特性与介质种类有关,因此,在实验基础上获得常见阀口结构在不同流动条件下的流动规律和流量系数是正确设计水液压阀的基础。

6.3.1　阀口流动特性实验系统

如图 6-10 所示,阀口流动特性实验系统主要由动力源、控制阀、被测试阀口等组成。阀口结构根据需要可选择球阀、平板阀、滑阀等常见形式。根据阀口的流量-压力关系式

$$q = C_q A \sqrt{\frac{2(p_1 - p_2)}{\rho}} \tag{6-1}$$

式中:C_q——阀口流量系数;

q——流量,m^3/s;

p_1,p_2——阀入口、出口压力,Pa;

A——阀口过流面积,m^2,可根据阀口具体结构计算;

ρ——流体密度,kg/m^3。

只要测量出阀口前后水的压力差和通过阀口的流量,即可计算出阀口流量系数。实验时,通过控制压差、阀口开度等参数可以获得不同实验条件下的流量系数。

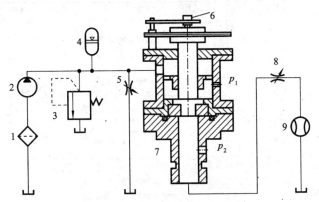

图 6-10　阀口流量特性实验系统

1—过滤器;2—液压泵;3—安全阀;4—蓄能器;5—节流阀;
6—位移传感器;7—阀口实验台架;8—背压节流阀;9—流量计

6.3.2　常见阀口的流量系数

1. 锥阀

图 6-11 所示为实验用二级节流锥阀结构,其中图(a)为阶梯型,阀芯锥角为 30°,阀座由两级锐边构成,锐边都与阀芯锥面接触(记为 A 型)。图(b)为环型,阀

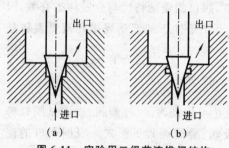

图 6-11　实验用二级节流锥阀结构

芯锥角为 30°,阀座锥角也为 30°,在锥面上开有环形槽(记为 B 型)。A 型及 B 型阀口均为二级节流结构。另外两种阀口为单级节流结构:一种是锥角为 30°的阀芯与锐边阀座(记为 C 型);一种是锥角为 30°的阀芯与倒角 30°的阀座(记为 D 型)。B 型和 D 型中阀座的倒角长度分别为 6.93 mm 和 5.36 mm。进水口的内径为 16 mm,四种结构采用的阀芯相同。部分实验结果如下。

记阀口的开度为 x,通过提升阀芯可以改变 x 的大小。保持阀口进水压力不变,逐渐降低出口压力,实验得到的流量系数与压差之间的关系如图 6-12 所示。由图可见,在没有气穴发生的条件下,随着压差增大,流量系数在 0.85~0.95 之间。

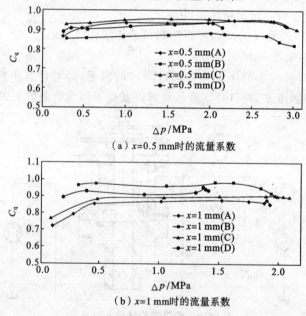

(a) x=0.5 mm时的流量系数

(b) x=1 mm时的流量系数

图 6-12　锥阀实验结果

开度 x=0.5 mm 时,B 型与 D 型阀口的节流部位均有压力恢复,但由于 B 型阀芯和阀座的叠合长度比 D 型的大,水流经过时的黏性损失也大,因此 B 型的流量系数较 D 型的小。D 型和 B 型的流量系数下降时,节流口两端的压差分别为 2.02 MPa 和 2.67 MPa。流量系数的下降意味着发生了气穴或流量饱和。在二级节流结构中,阀口前后的压差发生在两个节流口上,因而每个节流口两端的压差相对单级节流口小,有利于抑制气穴的发生。

对于 A 型和 C 型阀口,流量系数下降时的压差分别约为 2.72 MPa 和 2.75 MPa,A 型的流量系数比 C 型的小,因为 A 型结构的压力损失更大。液体在通过 C 型阀口时,流束收缩的最小断面在锐边节流之后,即当发生气穴时,气泡出现在阀口下游,对通过阀口的流量影响不大。对于 A 型阀口,第一个节流口与第二个节流口之间的空腔有助于压力恢复,从而对流量压力特性产生影响,使得 A 型阀口发生流量饱和的压差比 C 型的低。

开度 $x=1.0$ mm 时,阀口流量系数从大到小的顺序与 $x=0.5$ mm 时的不同。此时,A 型的流量系数仍比 C 型的小,这与 $x=0.5$ mm 时相同。对于有倒角的阀座,当流量增加到一定程度时,流束的最小收缩断面将从节流部分移出到出口附近。B 型结构的倒角长度和阀口开度的比值 s/x 比 D 型的大,节流区仍会发生压力恢复,而在 D 型结构中难以形成压力恢复。因此,B 型的流量系数较 D 型的大,这也与开度 $x=0.5$ mm 时不同。

开度 $x=1.0$ mm 时,A、B、C、D 四种结构出现流量下降时的压差依次为 1.75 MPa、1.62 MPa、2.04 MPa、1.36 MPa,均比开度 $x=0.5$ mm 时要低。可见,开度越大,越易发生流量饱和,这和以油作工作介质及以高水基液作工作介质时的情况类似。

阀口出口有背压时,阀口的过流特性会发生变化。下面考察出口背压对流量的影响。无背压的实验方法是将出口压力保持为大气压力,不断提高进口压力;有背压的实验方法是保持进口压力不变,逐渐降低出口压力,直到为大气压力为止。两种情况下的实验结果如图 6-13 所示。

可以看出,无论有无背压,四种阀口的流量-压力曲线在开度较小时差别较大,但随着阀口开度的增大,曲线均趋于重合。阀口开度小、流量低时,节流区段内的压力恢复对阀口流量影响较大,而在大开度和大流量时,出流最小截面向外移动,此时节流口的压力损失对流量影响较大。

通常,背压升高可以阻止气穴发生,但是从实验结果来看,无背压时无一出现流量饱和现象,有背压时却都出现了流量饱和。原因在于当出口无背压时,产生的气泡较难破灭,直接流到下游,不会对阀口流量特性产生很大影响。有背压时,气泡在出口压力挤压下易发生溃灭,引起流量饱和及气阻。

2. 平板阀

图 6-14 所示为平板阀结构示意图。实验中根据孔径 d 的尺寸将试件分为 $d=6$ mm 和 $d=10$ mm 两个系列。对应 $d=6$ mm 的阀座,有 $D=7.5$ mm、$D=15$ mm 两种结构的阀芯与之分别配组;对应 $d=10$ mm 的阀座,有 $D=12$ mm、$D=15$ mm 和 $D=30$ mm 三种结构的阀芯分别与之配组。实验结果如下。

如图 6-15(a)所示,$x=0.1$ mm 时,对应 $d=10$ mm 的三种阀口组合,流量由

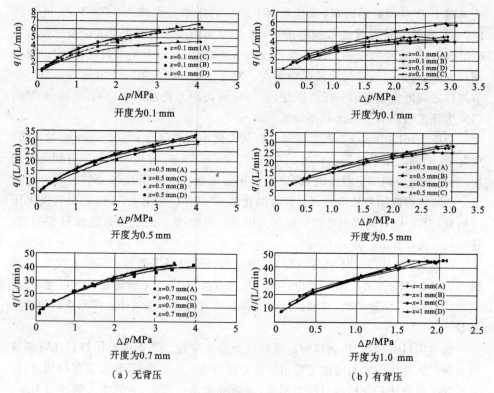

图 6-13　背压对锥阀流量系数的影响

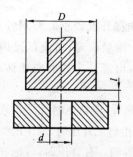

图 6-14　平板阀结构示意图

大到小依次为 $D/d=1.5$、$D/d=3.0$、$D/d=1.2$；对应 $d=6$ mm 的两种组合，流量由大到小依次为 $D/d=1.25$，$D/d=2.5$。

$x=0.5$ mm 和 $x=1.0$ mm 时，流动情况出现变化。对于 $d=10$ mm 的三种阀口组合，流量由大到小依次为 $D/d=3.0$、$D/d=1.5$、$D/d=1.2$；对于 $d=6$ mm 的两种组合，流量由大到小依次为 $D/d=2.5$、$D/d=1.25$。

对于平板阀，其阀芯与阀座的叠合宽度及阀口的开度对流动特性影响较大。可以对以上结果作如下解释，当水流经过平板阀的间隙时，流束首先脱离壁面，发生收缩，然后发散。当收缩后的流束重新附壁时，在收缩处形成真空，对液体产生泵吸效应，重新附壁后，流体压力得到恢复。如果这两个过程在平板间隙内发生，则对增大流量有利。如果流束收缩发生在间隙外，则泵吸效应不存在；如果平板间隙宽度较大，流束重新附壁后的流动阻力损失将增大。

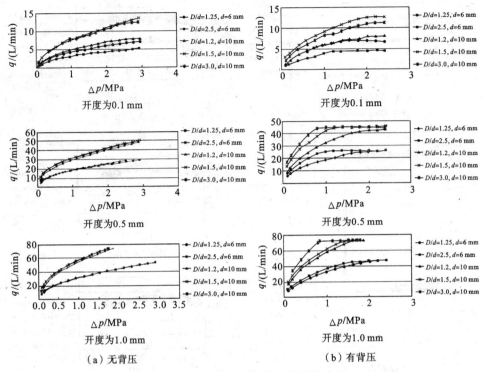

图 6-15　不同开度时压差与流量的关系

如图 6-16(a)所示，在无背压时随着压差增大，流量系数先是逐渐增大，达到一峰值后平缓下滑，最后趋于稳定。开度越小，流量系数呈现上升的压差范围就越大。

随着开度增大，稳定以后的流量系数值呈现逐渐减小的趋势。如开度 $x=0.1$ mm 时，流量系数在 $0.8\sim0.95$ 之间；$x=0.5$ mm 时，流量系数在 $0.62\sim0.71$ 之间；$x=1.0$ mm 时，流量系数在 $0.6\sim0.68$ 之间。原因在于：开度小时，水在缝隙内的流动发展充分，既有流束收缩又有收缩之后的重新附壁流动，因此流量系数大；而开度大时，流束出现收缩的最小截面移到缝隙之外，不存在泵吸效应，流量系数变小。

对于相同的孔径 d，阀芯与阀座的叠合宽度越大，缝隙间的流动发展越充分，流量系数就越大。

如图 6-16(b)所示，有背压时，在其他条件不变的前提下，流量系数较无背压时明显变大。

3. 阻尼孔的流动特性

不同孔径、不同长径比的阻尼孔的压差-流量关系曲线及流量系数随雷诺数的变化曲线分别如图 6-17 至图 6-20 所示。图中，同时给出了阀出口有背压(test2，图中虚线)和无背压(test1，图中实线)条件下的曲线。

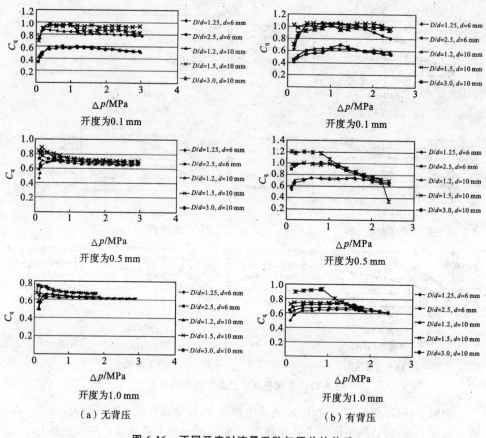

图 6-16　不同开度时流量系数与压差的关系

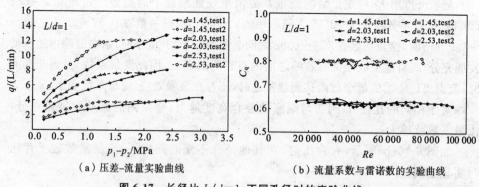

图 6-17　长径比 $L/d=1$，不同孔径时的实验曲线

阻尼管的长度记为 L，孔径记为 d。由图 6-17、图 6-18 可以看出，在 $L/d=1$ 或 $L/d=2$ 时，出口有背压时流量系数在 $0.78 \sim 0.82$ 之间，无背压时流量系数在 $0.61 \sim 0.63$ 之间。

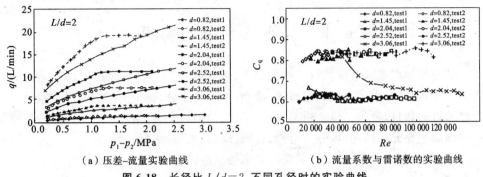

（a）压差–流量实验曲线　　　　　　　（b）流量系数与雷诺数的实验曲线

图 6-18　长径比 $L/d=2$,不同孔径时的实验曲线

由图 6-19 和图 6-20 可以看出,流量及流量系数随压差的变化趋势与上述相似,较小孔径节流孔的无背压流量系数有小于 0.61 的趋势,这是因为汽化造成的两相流摩阻增大的结果。

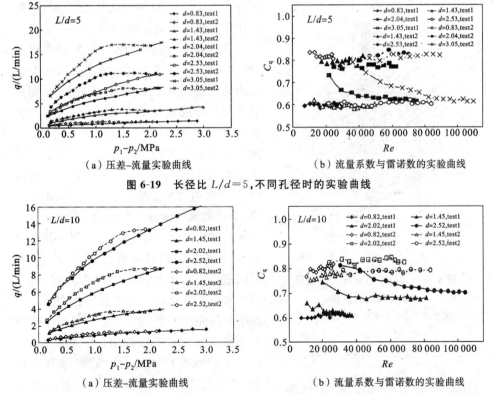

（a）压差–流量实验曲线　　　　　　　（b）流量系数与雷诺数的实验曲线

图 6-19　长径比 $L/d=5$,不同孔径时的实验曲线

（a）压差–流量实验曲线　　　　　　　（b）流量系数与雷诺数的实验曲线

图 6-20　长径比 $L/d=10$,不同孔径时的实验曲线

应该指出,以上实验结果受实验所用泵工作压力所限,主要局限于 3 MPa 以下,对于压力更高的情况,应通过更完善的实验得出更完整的实验结果。

6.4　水液压方向控制阀

　　方向控制阀控制液压执行元件的启动、停止和换向等。按照控制阀芯运动的力的来源，通常有手动、机动、电磁动、液动、电液动之分；按换向阀的工作位数目及连接水口的数目，分为二位二通、二位三通、二位四通、三位四通、三位五通等；按照构成阀的主要元件结构，可分为滑阀、转阀、球阀、锥阀、平板阀等。

　　下面主要介绍一种二位二通先导式水液压电磁控制阀的设计方法。

6.4.1　二位二通先导式水液压电磁控制阀的结构原理

　　如图6-21所示，该二位二通先导式水液压电磁控制阀采用了先导式结构，由主阀和先导阀组成。主阀芯在结构形式上没有采用二级同心和三级同心结构，而是采用了分离的形式，结构上更加简单。

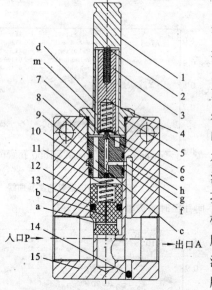

图6-21　二位二通先导式水液压
控制阀结构原理

1—阀盖；2—先导阀芯复位弹簧；3—衔铁；
4—先导阀芯密封弹簧；5、9—O形圈；
6—先导阀芯；7—垫圈；8—先导阀座；
11—主阀弹簧；12—主阀芯；
13—主阀组合密封圈；10、14—堵头；15—阀体；
a、c—通孔；b—阻尼孔；d—流水槽；
e—先导阀座小孔；f—先导阀座横孔；
g—阀体水槽；h—阀体小孔；m—先导阀芯小孔

　　在阀体15内由下而上依次为主阀芯12、主阀弹簧11、先导阀座8、衔铁3。衔铁外面是阀盖1，电磁铁套在阀盖上，在阀体的下端开有进水口P和出水口A，水经进水口P进入主阀上的通孔a，再经阻尼孔b流入主阀芯上腔，然后经先导阀座上的通孔c流入先导阀芯下腔，衔铁上开有流水槽d，水流同时又会经流水槽d进入衔铁上腔，衔铁的流水槽内开有小孔m，水流流经流水槽的同时会经过小孔m进入衔铁的内腔，衔铁内外腔同时都有高压水，这样，先导阀芯6不会因高压水的冲击而损坏，从而能够在先导阀芯内部弹簧的压力下有效地密封住先导阀座上的小孔e，保证电磁开关阀内的高压水不会流出，此时在主阀芯的上下腔以及衔铁的上下腔都存有高压水，主阀芯在主阀弹簧力作用下压在阀座上。

　　当电磁开关阀得电时，先导阀芯在电磁力的作用下被提起，此时先导阀座上的小孔 e 被打开,阀体内经小孔 e 到出水口的通路被打开,此时电磁开关阀内的高压水经先导阀座上的小孔 e、先导阀座上的横孔 f 进入阀体的水槽 g 内,而水槽 g 与阀体上的小孔 h 相连通,在先导阀座两个 O 形密封圈的作用下,水槽 g 内的高压水经阀体上的小孔 h 从出水口 A 流出。此时,电磁开关阀内的水流开始流动,由于主阀芯上阻尼小孔的阻尼作用造成主阀芯的上下腔形成压差,当压差对阀芯的作用力足以克服主阀芯弹簧力、主阀芯自重及摩擦力时,主阀芯便开启,这时,进水口 P 和出水口 A 直接相连通,水流便经出水口流出。

该阀的主要特点如下。

(1)主阀芯没有采用先导式溢流阀经常使用的二级同心或三级同心的结构形式,而是采用了分离的方式,从而避免了零件加工、安装精度要求较高的弊端,使得主阀芯在结构上更加简单轻便,同时,主阀芯在工作过程中的动作更加可靠、灵活。

(2)主阀芯结构采用了平板阀结构,如前所述,平板阀具有重量轻、惯性小、结构简单、不需要导向、通流能力强、耐气蚀等特点。

(3)先导阀芯也采用了平板阀芯的结构,如图 6-22 所示。先导式溢流阀的先导阀常采用锥阀芯和球阀芯的结构形式,比较这三种形式的阀芯结构,当阀芯的开度相同时,平板阀芯比球阀芯和锥阀芯具有更大的过流面积,所以,采用平板阀的结构形式能够使主阀开启得更为迅速,使开启时间大为缩短,这对于电磁开关阀来说是非常重要的。

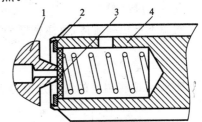

图 6-22　先导阀芯与阀座的密封示意图

1—衔铁;2—先导阀芯;3—垫圈;4—先导阀座

6.4.2　材料的选择

1)主阀芯

主阀芯选用的是工程塑料(TX)。工程塑料密度小,可以有效减小阀芯惯性,提高阀的开启速度。工程塑料受压发生变形,一方面可以与阀座形成软密封,改善密封性能,另一方面可以减小阀芯与阀座接触时的冲击作用,从而减小阀的振动与噪声。

2)先导阀芯

先导阀芯采用了具有良好耐腐蚀性能的聚四氟乙烯。

3)阀体

阀体材料为不锈钢(1Cr18Ni9Ti)。

6.4.3　阀口流场仿真

1. 基本方程

1) 连续性方程

按照质量守恒定律,流入与流出控制体内的质量之差,应等于控制体内部流体质量的增量,在直角坐标系下微分形式的连续性方程为

$$\frac{\partial \rho}{\partial t} + \nabla(\rho \boldsymbol{v}) = S_m \tag{6-2}$$

方程(6-2)对可压缩流体与不可压缩流体均适用,其中

$$\nabla(\rho \boldsymbol{v}) = \frac{\partial(\rho u_x)}{\partial x} + \frac{\partial(\rho u_y)}{\partial y} + \frac{\partial(\rho u_z)}{\partial z} \tag{6-3}$$

式中：S_m——质量附加项(比如由于气穴等现象而产生)；

　　u_x、u_y、u_z——x、y、z 方向的瞬时速度分量；

　　$\boldsymbol{v}$——控制面任意点处流体速度矢量；

　　ρ——流体密度。

对于不可压缩流体,流体密度为常数,则有

$$\frac{\partial u_x}{\partial x} + \frac{\partial u_y}{\partial y} + \frac{\partial u_z}{\partial z} = 0 \tag{6-4}$$

Reynolds 将湍流的瞬时速度分解为平均速度与脉动速度之和,即

$$u_i = U_i + u'_i, \quad i = 1, 2, 3 \tag{6-5}$$

得到雷诺平均运动的质量方程为

$$\frac{\partial U_i}{\partial x_i} = 0 \tag{6-6}$$

2) 动量方程

在惯性参考系下 i 方向的动量方程为

$$\frac{\partial}{\partial t}(\rho u_i) + \frac{\partial}{\partial x_j}(\rho u_i u_j) = -\frac{\partial P}{\partial i} + \frac{\partial}{\partial x_j} \mu \left(\frac{\partial u_i}{\partial u_j} + \frac{\partial u_j}{\partial u_i} \right) + \rho g_i + F_i \tag{6-7}$$

式中：F_i——重力体积力和其他体积力(如源于两相之间的作用),还可以包括其他模型源项或者用户自定义源项。

对于不可压缩黏性流体,忽略体积力,并将瞬时压力分解为平均值和脉动值之和,可得

$$\frac{\partial U_i}{\partial t} + U_j \frac{\partial U_i}{\partial x_j} = -\frac{1}{\rho} \frac{\partial P}{\partial x_i} + \nu \frac{\partial^2 U_i}{\partial x_j \partial x_j} + \frac{1}{\rho} \frac{\partial(-\rho \overline{u'_i u'_j})}{\partial x_j} \tag{6-8}$$

该式就是湍流平均运动的雷诺方程,其中 $-\rho \overline{u'_i u'_j}$ 称为雷诺切应力,由此可见,该项是唯一的脉动项,所以,可以认为脉动量是通过雷诺切应力来影响平均运

动的。

2. RNG k-ε 模型

1）RNG k-ε 模型 k 方程和 ε 方程

RNG k-ε 模型是由 Yakhot 和 Orzag 提出的，该模型中的 RNG 是英文"renormalization group"的缩写，在有些中文文献中将其翻译为重正化群，它是对瞬时的 Navier-Stokes 方程用重正化群的数学方法推导出来的模型。模型中的常数与标准的 k-ε 模型不同，而且方程中也出现了新的函数或者项。其湍动能与耗散率方程与标准 k-ε 模型有相似的形式：

$$\rho \frac{\mathrm{d}k}{\mathrm{d}t} = \frac{\partial}{\partial \chi_i} \left[(\alpha_k \mu_{\mathrm{eff}}) \frac{\partial k}{\partial \chi_i} \right] + G_k + G_b - \rho \varepsilon - Y_M \tag{6-9}$$

$$\rho \frac{\mathrm{d}\varepsilon}{\mathrm{d}t} = \frac{\partial}{\partial \chi_i} \left[(\alpha_\varepsilon \mu_{\mathrm{eff}}) \frac{\partial \varepsilon}{\partial \chi_i} \right] + C_{1\varepsilon} \frac{\varepsilon}{k} (G_k + C_{3\varepsilon} G_b) - C_{2\varepsilon} \rho \frac{\varepsilon^2}{k} - R \tag{6-10}$$

式中：G_k——由于平均速度梯度引起的湍动能产生量；

　　　G_b——由于浮力影响引起的湍动能产生量；

　　　Y_M——可压缩湍流脉动膨胀对总的耗散率的影响，这些参数与标准 k-ε 模型中的相同；

　　　α_k 和 α_ε——湍动能 k 和耗散率 ε 的有效普朗特数的倒数。

2）模拟有效黏度

湍流黏性系数计算公式为

$$\mathrm{d}\left(\frac{\rho^2 k}{\sqrt{\varepsilon \mu}} \right) = 1.72 \frac{\tilde{v}}{\sqrt{\tilde{v}^3 - 1 + C_v}} \mathrm{d}\tilde{v} \tag{6-11}$$

式中，$\tilde{v} = \mu_{\mathrm{eff}} / \mu$，$C_v \approx 100$。

对上面方程积分，可以精确得到有效雷诺数对湍流输运的影响，这有助于处理低雷诺数和近壁流动问题的模拟。对于高雷诺数，上面方程可以给出：

$$\mu_t = \rho C_\mu \frac{k^2}{\varepsilon} \tag{6-12}$$

式中，$C_\mu = 0.0845$，这个结果和标准 k-ε 模型的半经验推导给出的常数 $C_\mu = 0.09$ 非常接近。

3）RNG k-ε 模型有旋修正

通常湍流受平均流中涡流或漩涡的影响，在 Fluent 的 RNG 模型中提供了一个选项，可以通过修正湍流黏度来考虑涡流的影响。湍流黏性的有旋修正为

$$\mu_t = \mu_{t0} f\left(\alpha_s, \Omega, \frac{k}{\varepsilon} \right) \tag{6-13}$$

式中：μ_{t0}——没有修正前的湍流黏度值；

Ω——Fluent 计算出来的特征漩涡数；

α_s——漩涡常数，不同的漩涡常数值表示有旋流动的强度不同，流动可以是强旋或中等旋度。对于一般的漩涡流，α_s 设定为 0.05；对于强漩涡流，可以取较高的漩涡常数。

4) 湍流耗散率方程中的 R 项

RNG k-ε 模型与标准 k-ε 模型的主要区别在于湍流耗散率方程中的 R 项，R 的计算公式为

$$R = \frac{C_\mu \rho \eta^3 (1 - \eta/\eta_0)}{1 + \beta \eta^3} \frac{\varepsilon^2}{k} \tag{6-14}$$

式中，$\eta \equiv Sk/\varepsilon$，$\eta_0 = 4.38$，$\beta = 0.012$。

为了更清楚地体现 R 项对耗散率的影响，把输运方程重写为

$$\rho \frac{D\varepsilon}{Dt} = \frac{\partial}{\partial x_i} \left(\alpha_\varepsilon \mu_{eff} \frac{\partial \varepsilon}{\partial x_i} \right) + C_{1\varepsilon} \frac{\varepsilon}{k} G_k - C_{2\varepsilon}^* \rho \frac{\varepsilon^2}{k} \tag{6-15}$$

其中

$$C_{2\varepsilon}^* = C_{2\varepsilon} + \frac{C_\mu \rho \eta^3 (1 - \eta/\eta_0)}{1 + \beta \eta^3} \tag{6-16}$$

当在区域里 $\eta < \eta_0$ 时，R 项是正值，$C_{2\varepsilon}^*$ 大于 $C_{1\varepsilon}$。在对数律层，$\eta \approx 3.0$，$C_{2\varepsilon}^* \approx 2.0$，与标准 k-ε 模式中 $C_{2\varepsilon} = 1.92$ 的值接近。因此，对于弱旋和中等旋度的流动问题，RNG k-ε 模型给出的结果比标准 k-ε 模型的结果要大。RNG k-ε 模型中，$C_{1\varepsilon} = 1.42$，$C_{2\varepsilon} = 1.68$。

5) 有效普朗特数

湍动能及耗散率方程中的普朗特数倒数的计算公式为

$$\left| \frac{\alpha - 1.392\,9}{\alpha_0 - 1.392\,9} \right|^{0.632\,1} \left| \frac{\alpha + 2.392\,9}{\alpha_0 + 2.392\,9} \right|^{0.367\,9} = \frac{\mu_{mol}}{\mu_{eff}} \tag{6-17}$$

式中，$\alpha_0 = 1.0$。对于高雷诺数的湍流，有

$$\mu_{mol}/\mu_{eff} \ll 1, \quad \alpha_k = \alpha_\varepsilon \approx 1.393$$

3. 气穴模型

气穴模型属于多相流模型之一。对于两相可以互相渗透的流体，可用该模型模拟当局部压力低于汽化压力时气泡的形成，以及两相间的质量转移。假设相与相之间无滑动，气穴模型包含混合物的动量方程和气相的体积比方程。

体积比方程是由连续性方程推导出来的，气相 p 的体积比方程为

$$\frac{\partial}{\partial t} \alpha_p + \frac{\partial}{\partial x_i} (\alpha_p U_i) = \frac{1}{\rho_p} \dot{m}_{pq} \tag{6-18}$$

式中：α_p——气相体积百分比；

ρ_p——气相密度；

ρ_q——液体密度；

$\dot{m}_{pq}$——气相与液相之间的质量转换。

液相的体积百分比 α_q 计算如下：

$$\alpha_q + \alpha_p = 1 \tag{6-19}$$

体积比平均密度 ρ 为

$$\rho = \alpha_p \rho_p + (1 - \alpha_p) \rho_q \tag{6-20}$$

忽略汽化产生的热量，把气穴流做等温处理。气泡内的压力保持不变，气泡半径的变化近似为一个简化的雷诺方程，即

$$\frac{\mathrm{d}R}{\mathrm{d}t} = \sqrt{\frac{2(p_v - p)}{3\rho_q}} \tag{6-21}$$

式中：p_v——汽化压力；

ρ_q——液相密度。

总的气体质量为

$$m_p = \rho_p \frac{4}{3} \pi R^3 n \tag{6-22}$$

气体形成的速率为

$$\dot{m}_p = \frac{\mathrm{d}m_p}{\mathrm{d}t} = \frac{3\rho_p \alpha_p}{R} \frac{\mathrm{d}R}{\mathrm{d}t} \tag{6-23}$$

结合式(6-19)和式(6-20)，得到由于气穴而产生的两相间的质量转移量为

$$\dot{m}_{pq} = \frac{3\rho_p \alpha_p}{R} \sqrt{\frac{2(p_v - p)}{3\rho_q}} \tag{6-24}$$

式中，气泡半径为

$$R = \left(\frac{\alpha_p}{\frac{4}{3}\pi n} \right)^{1/3} \tag{6-25}$$

4. 近壁区域模拟

标准 k-ε 模型和 RNG k-ε 模型均是高雷诺数的湍流模型，针对充分发展的湍流才有效。而近壁区域的流动湍流发展不充分，特别是在黏性底层，流动几乎是层流，这样一来就不能使用 RNG k-ε 模型，必须采取特殊的处理。目前，解决这一问题的方法有两种：一种是不对黏性影响比较明显（黏性底层和过渡层）的区域进行求解，而是用一组半经验的公式（壁面函数）将壁面上的物理量与湍流核心区域内的相应物理量联系起来，这就是壁面函数法；另一种途径是采用低雷诺数的模型来求解黏性影响比较明显的区域，这时要求在壁面区划分比较细密的网格，越靠近壁面，网格越细。

下面的算例采用的是第一种方法，只介绍分析中用到的标准壁面函数法。

标准壁面函数是基于 Launder 和 Spalding 提出的理论，现已广泛应用于工业流体中，其平均速度分布为

$$v^* = \frac{1}{k}\ln(Ey^*) \tag{6-26}$$

其中

$$v^* \equiv \frac{v_P C_\mu^{1/4} k_P^{1/2}}{\tau_\omega/\rho} \tag{6-27}$$

$$y^* \equiv \frac{\rho C_\mu^{1/4} k_P^{1/2} y_P}{\mu} \tag{6-28}$$

式中：$k=0.42$——冯·卡门常数；

$E=9.81$——经验常数；

v_P——流体在 P 点的平均速度；

k_P——P 点的湍动能；

y_P——从 P 点到壁面的距离；

μ——流体动力黏度，对数率平均速度关系式适用于 $y^*>30\sim60$。但上式在 $y^*>11.225$ 就可以使用。当连接壁面的网格使得 $y^*<11.225$，应用层流应力应变关系式，即

$$v^* = y^* \tag{6-29}$$

5. 阀口流场建模及网格划分

1) 网格划分

平板阀阀口结构为三维结构，故其内部流场的流动也是三维的，同时阀口的结构较为复杂，在结构方面不存在对称性，若采用二维模型将很难全面模拟出阀口的真实流动，因此采用三维流场计算模型。图 6-23 所示为算例所用平板阀阀口的二维结构简图，其中基本尺寸已在图中标注出来。在主阀芯开启后，水流经平板阀口由出水口流出。为了使仿真流场结构更为简化，采取图中有圆点的部分作为流场区域，同时，由于主阀芯上的阻尼小孔在主阀芯开启后对整个平板阀阀口的流场影响较小，因此，在仿真的流场区域中也将其省去。

利用 Gambit 的三维造型功能绘制流场的三维图，初始的计算网格也由 Gambit 程序来生成，采用四面体单元生成的网格。利用 Gambit 进行网格划分，划分结果如图 6-24 所示。计算网格的划分只能根据计算机的具体计算能力而定，本例将整个模型划分为 90 267 个四面体单元，在这些四面体单元中体积最小的为 5.44×10^{-4} mm³，体积最大的为 0.22 mm³。其中，壁面速度梯度和阀口附近区域速度梯度及静态压力梯度较大。因此，阀口附近及壁面附近的初始网格划分比较密，然后，运用 Fluent 的自适应功能对初始网格进行细化处理，以获得更好的求解

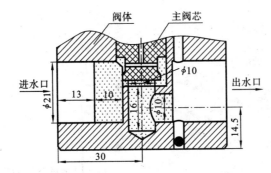

图 6-23　算例所用平板阀阀口二维结构简图

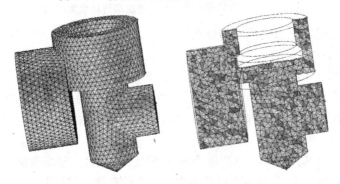

图 6-24　阀口流场网格分布图

精度。

2) 边界条件

算例取边界条件如下：入口压力为 6 MPa，出口压力为 5.4 MPa。20℃时水的密度为 998 kg/mm^3，动力黏度为 0.001 Pa·s，运动黏度为 $1×10^{-6}$ m^2/s。仿真过程中不考虑流体的热量交换，假定壁面绝热，壁面和流体之间没有热交换。

针对开关阀要求的阀口过流能力强的特点，这里主要对阀口流动特性作初步的仿真研究，对阀口在不同开度情况下，利用 Fluent 的计算后处理得到流场的速度分布、静压分布。

3) 仿真结果及分析

由于网格较小，从三维的计算结果图中不能清楚地看到流场内部的计算结果，因此，选择 $Z=0$ 的平面作为流场分布的平面。图 6-25 所示($Z=0$ 平面)为阀口开度为 1 mm 时的阀口流场的计算结果，可以看出，水经阀口流出以后在向下流动过程中形成了一个大的漩涡。水流流动的能量损失主要发生在漩涡生成的位置及阀的出口处。在漩涡形成的区域，向下流动的水流在碰到底部壁面后，向下的速度分量被大大地削减，从而使得水流的动能损失较大，而在阀的出口处，水流流出时碰

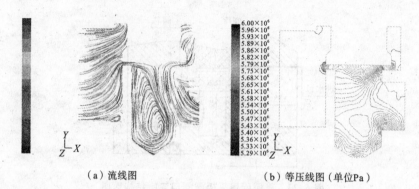

　　　　　（a）流线图　　　　　　　　　　（b）等压线图（单位Pa）

图 6-25　阀口开度为 1 mm 时流场仿真结果图

到出水口的下壁面也损失了一部分动能。

　　4）阀口气穴流场的数值模拟

　　气穴模型属于两相流模型，仿真运用了 Fluent 提供的混合模型（mixture），介质为水和水汽。阀口最大开度的情况是阀的工作位，针对阀在工作位的气穴流场的仿真显得更为有意义，因此，仿真针对的是阀口在最大开度情况下气穴流场的模拟。

　　边界条件定义为速度入口和压力出口，假定壁面绝热，壁面和流体之间没有热交换。入口速度为 1.6 m/s，出口压力为零。水的参数选取同上。

　　图 6-26 和图 6-27 分别为气体体积比分布图和流线图，从流线图中可以看出，在阀口左下侧及出水口的上侧出现了漩涡。从漩涡强度和区域来看，在出水口上侧的漩涡强度更强，区域也更大，漩涡的存在会消耗水流的能量，导致水流压力降低，使低压区出现气穴现象。气体体积比越大，说明水中的含气量越多，气穴现象越严重。

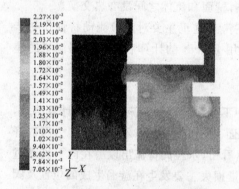

图 6-26　气体体积比分布图（单位 Pa）

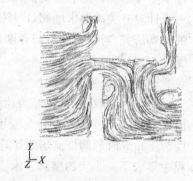

图 6-27　气体体积比流线图

6.5 水液压流量控制阀

流量控制阀主要用以调节系统的流量,从而控制液压缸或液压马达的输出速度。

图 6-28 所示的水液压流量控制阀主要由阀体、阀套、阀芯、阀盖、锁紧螺母及调节手柄等构成,通过旋动手柄可以调节阀芯相对阀套的位置,从而调节阀口开度,改变流量大小。该阀的阀口采用了二级节流结构。

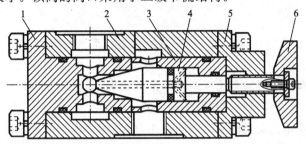

图 6-28 流量控制阀结构示意图

1—阀座;2—阀体;3—阀套;4—阀芯;5—端盖;6—调节手轮

阀座和阀套都开设有环形槽及均布的径向孔,有利于节流阀工作时稳定阀芯。阀芯中有轴向通孔,连通进水口及阀芯上腔,使作用在阀芯上的力保持平衡,这不仅可保证阀芯在低压时工作可靠,而且使阀芯在高压条件下所需调节力小。

图 6-29 所示为 Danfoss 公司研制的压力补偿式水液压流量控制阀。通过内部的压力补偿结构,使阀的流量不受进出口压力波动的影响。节流口 1 控制通过阀的流量,阀口开度通过手柄调节。节流口 2 起压力补偿作用,压力补偿活塞根据作用在其上的弹簧作用力及入口和出口压力大小自动维持节流口 1 前后压差近似不变。

图 6-30 所示为 Danfoss 研制的普通手动

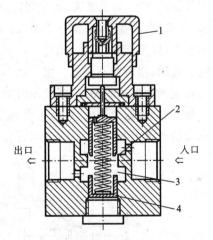

图 6-29 压力补偿式水液压流量
控制阀结构原理

1—调节旋钮;2—节流口 1;
3—节流口 2;4—压力补偿活塞

节流阀的结构原理图。该阀为座阀型,通过转动手柄调节阀口开度,相应地调节流量,其结构简单,无压力补偿,流量随进口压力或出口压力的变化而变化。

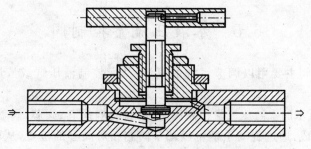

图 6-30　普通手动节流阀的结构原理图

6.6　水液压溢流阀

压力控制阀用来控制系统或系统内某一支路的压力,根据对压力控制的特性不同,一般分为溢流阀、减压阀、顺序阀等。

溢流阀一般作为安全阀和调压阀使用,前者用于保护系统和元件免于系统过载可能引起的破坏,后者用于将系统多余的介质溢流回水箱以维持系统的压力不变。

如图 6-31 所示溢流阀,主要由阀体、阀座、阀套、阀芯、阻尼杆、阻尼套、调压弹簧、弹簧座、端盖、调节螺杆等组成。进口压力直接作用在阀芯上与弹簧力等阻力相平衡,以控制阀芯的启闭动作。当溢流阀的进口压力小于调压弹簧的弹簧力时,阀芯关闭,溢流阀不溢流。由于阀芯为锥阀结构,阀芯的动作不但较为稳定,而且与阀座之间形成线密封,在关闭时能保证较好的密封性。随着溢流阀进口压力的不断升高,液压力增大,在液压力等于弹簧力、阀芯与阀套的摩擦力及阻尼杆与阻尼套的摩擦力时,阀芯向右开启,同时,阀芯顶住阻尼杆往右运动,阀芯的圆柱面上

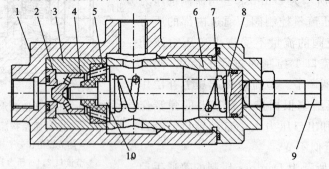

图 6-31　锥阀结构的溢流阀

1—阀体;2—阀座;3—阀套;4—阀芯;5—阻尼套;6—端盖;7—弹簧;8—弹簧座;9—调节螺杆;10—阻尼杆

均布有液流导向槽,可以对开启后通过阀芯的液流起导向作用,有利于稳定阀芯。阀芯与阻尼套之间为球面接触,便于开启时阀芯与阻尼杆的对心。阻尼杆与阻尼套之间配合间隙的阻尼作用有利于降低溢流阀进口处压力的变化对阀开口的影响,使阀具有较高的调压精度和稳定性。通过调节螺杆调节溢流阀弹簧的设定压力,以实现不同压力环境下溢流阀的定压溢流作用。

图 6-32 所示座阀结构的溢流阀与锥阀结构的溢流阀主要差别在阀口结构上,该阀的阻尼活塞小端与平板阀芯连接,进口压力作用在平板阀上,当作用力大于弹簧压力时,阀开启溢流。

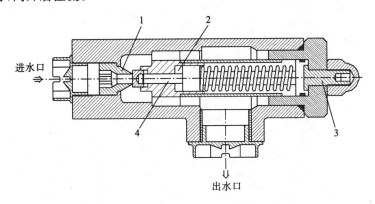

图 6-32　座阀结构的溢流阀
1—阀座;2—阻尼腔;3—调压活塞;4—阻尼活塞

图 6-33 所示为先导式溢流阀。该溢流阀由先导阀和主阀两部分构成。其工作原理类似油压先导式溢流阀,当作用在先导锥阀上的液压力小于先导阀弹簧力时,先导阀关闭,阀体内无水流过,主阀芯两端液压力相等,主阀弹簧作用在主阀芯上的力将主阀口关闭,溢流阀不溢流。当作用在先导阀芯上的液压力大于先导弹簧力时,先导阀口开启,水经过溢流阀入口进入阀腔,再流经主阀芯中

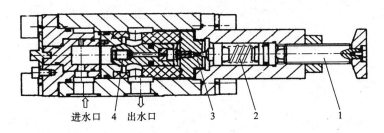

图 6-33　先导式溢流阀
1—调压螺杆;2—调压弹簧;3—先导阀;4—主阀

间的阻尼孔,通过先导阀口流出到溢流阀的出口,因此,阻尼孔两端产生压差,液压力作用在主阀芯上,当液压力大于主阀弹簧力及作用在阀芯上的其他阻力时,主阀芯移动,主阀口开启溢流。通过调节先导阀弹簧的预压缩量可以调节溢流阀的开启压力。

第7章 系统维护与水的污染控制

7.1 水液压系统的维护

为了使系统长时间可靠地运行,做好系统的日常维护非常重要。系统在运行过程中应做好重点元件(如溢流阀、泵、液压缸或马达等)工作状态的监测记录,定期检测系统的压力、水箱液位、水温、元件及管接头等的密封、过滤器堵塞状况、泵及系统的噪声、介质的微生物浓度及污染情况等。

为了避免出现因元件疲劳、磨损等造成突发性失效引起的重大损失,系统的关键元件应定期拆检。对于其他一般元件应根据具体情况制定相应的拆检周期,对于水箱,则应根据内部微生物浓度及沉积杂质的情况,定期更换水箱中的水和彻底清洗水箱。

由于主要水液压元件内的相对运动副配合间隙比油压元件的小,水液压系统对介质的污染敏感度增加,因此,保持元件及系统的清洁显得尤为重要。元件的装配及系统的安装过程中应保持装配环境的清洁,避免混入油液,所有零件装配前需要用汽油或煤油清洗,然后用清水清洗并吹干。在系统运行初期,元件在跑合过程中会产生较多磨屑,因此,应根据所检测的水污染状况及时换水。在系统正常使用过程中,应定期检测水的 pH 值、硬度和微生物含量等。

水液压系统的水箱与油压系统的油箱功能相同,设计方法和注意事项亦类似。但应注意,因为水的密度高于矿物油的密度,污染颗粒在水中的沉降速度慢。尽管水的比热容及导热系数均高于矿物油,但其汽化压力高,工作温度范围窄,因此散热要求更高,基于这些考虑,在同样条件下,水箱的容量应大于油箱。

水液压系统的过滤器结构及工作原理、分类方法等亦与油压过滤器相同,主要区别在于水液压系统的滤芯材料及壳体均需采用耐蚀材料,常用的滤芯材料有不锈钢、玻璃纤维、聚丙烯纤维、烧结多孔陶瓷等。

水作为液压介质,其适用的工作温度范围为 3～50 ℃。当环境温度过低时应加热;当水温过高时则应采用散热器散热。在某些寒冷环境中使用时可添加防冻剂,如丙烯基乙二醇(propylene glycol)、乙烯基乙二醇(ethylene glycol)等,前者是一种无毒、可生物降解的防冻剂,但价格较高且防凝效果没有后者的好;后者常用于汽车防冻液,有一定毒性且不能生物降解,因此,使用时会影响水液压传动系统的环保性。

7.2　水液压系统的污染控制

7.2.1　水液压系统的微生物控制

1. 微生物的危害

水介质的正常工作温度范围正是细菌等各类微生物生长繁衍的适宜温度范围,微生物对液压系统及元件的危害主要有以下四点。

(1) 微生物在元件表面或壳体内的附着滋生,将在材料表面形成一层生物膜,从而使某些材料遭受生物腐蚀。若是封闭式水液压系统,微生物的代谢产物将改变水的 pH 值,增加对金属材料的腐蚀性,还会降低元件的导热性。

(2) 当微生物数量过多时会集结成团,可能造成元件内一些细小阻尼结构和过滤器的堵塞。

(3) 微生物的存在会使水腐败变质,产生异味,泄漏的水会对某些产品造成污染,如食品、药品、纸张、布匹等。

(4) 微生物在元件内表面的附着,会增大过流阻力,增加能量损失。另外,对于水下作业工具系统,若工具表面存在微生物,则操作时容易打滑。

2. 控制微生物的方法

控制微生物的主要方法如下。

(1) 物理方法　如采用紫外线照射、巴氏杀菌法等。

(2) 化学杀菌法　主要是在水中加入防腐剂、杀菌剂或抑制剂,如通氯气,或添加砷酸盐、亚砷酸盐、氯酚、季铵盐类(十二烷基二甲基苄基氯化铵)、铬酸盐等。但这种方法往往会使水质发生变化,对元件产生腐蚀,或添加剂的毒性大,对环境也会产生危害。

(3) 利用某些重金属材料在水中产生的离子对生物的毒性杀灭微生物,如铜离子、镉离子等,或在表面涂防污漆。这种方法常用于海洋环境中防止海洋生物(如牡蛎、藤壶等)在水下装备上的附着。

(4) 过滤　大多数微生物的尺度大于 1 μm,因此可以设置过滤精度高的过滤器。

(5) 电解防污　利用电解海水或电解重金属所产生的有毒物质进行防污,该方法安全可靠,对人员无危害,但一次性投资大。

微生物的滋生繁衍除了有水作为载体外,亦需要各种有机物作为营养物质。因此,从源头上减少系统内各种污染杂质的存在是主动有效的防治方法。这就要求在水液压元件、系统的安装调试和维护的各个环节中保证清洁卫生,避免或减少油脂、灰尘等污染物的侵入,水在充入水箱前应经过严格过滤,水箱需要进行防尘密封,加设空气滤清器。各连接管件、液压缸活塞杆及液压泵、液压马达的轴封等要处于正常工作状态。元件及系统的设计要尽量避免尖角、死角或盲孔,并注意在允许的条件下,使元件表面的过流速度提高,研究表明,水的流速维持在 0.5～3 m/s 时就可以有效防止微生物膜的形成。

7.2.2　水的硬度控制

水中钙离子和镁离子的浓度会随着水温的变化而变化。水温升高时,部分离子会沉积在管道或元件的表面,形成水垢。水垢积累过多时往往会加大流动阻力,堵塞元件中的细小阻尼孔或过滤器,当水垢脱落游离于系统内时,就可能对元件造成磨损、冲蚀。使用经验表明,在系统最初运行的 100 h 内,系统内沉积物增加较快,水的硬度则急剧降低。

可采用如下方法降低水的硬度。

(1) 离子交换法。

(2) 加温法　即通过高温加热获得纯净的蒸馏水,或煮沸后使大部分金属离子钙化沉积。

(3) 磁化法　目前,对于此法的效用还存在争议,其原理是利用磁场的极化效应来改变水中钙离子结晶晶体结构,从而溶解水垢和防治水垢的形成。

第8章 水液压传动技术的应用

水液压传动已在许多领域得到了应用。由于水液压元件的制造需要不锈钢及工程塑料、工程陶瓷等新型工程材料和先进的表面处理方法,加工精度要求高,目前制造成本大大高于油压元件,因此,水液压系统早期主要是应用于大吨位水液压机及海水液压水下作业工具、潜器浮力调节等特殊场合。但近年来随着水液压技术的发展,特别是人们的环境保护意识、对产品质量和生产安全要求的提高,水液压传动技术的应用逐渐增加,在汽车生产线上的车身焊接作业、原子能动力工厂、消防、食品、纺织、包装、高压水清洗、高压水切割、自来水厂、水下机器人和机械手、医疗器械、海水淡化、造纸、钢铁、采矿、农业及林业机械、海洋开发等工业领域都有应用。

8.1 海水液压水下作业工具系统

21世纪是蓝色海洋的世纪,水液压传动对于海洋开发具有特别重要的意义。由于人口的膨胀和环境的恶化,以及陆上可利用资源的日渐枯竭,人们开始把目光转向广袤的海洋,因此,各种海洋作业和海洋工程活动将越来越多。占地球总面积71%的海洋不仅是生命的摇篮,更是存在丰富资源的宝库。辽阔的海洋里蕴藏着丰富的食盐、钾、镁、溴、碘、钠等工业原料,以及油气、铝、锰、铜、钴、钼、可燃冰等矿物资源。而所有海洋工程的建设和海洋资源的勘探开发都必须借助高效的海洋装备,海水液压传动技术的发展将大大提升海洋机械特别是水下作业机械的工作性能,同时又与海洋环境相容,不会对海洋造成污染。

根据联合国1994年11月16日生效的《联合国海洋法公约》,我国的领海面积多达300万平方千米,海岸线绵延长达1.8万千米。大力发展海洋开发技术对发展我国的海水养殖、海洋勘探、深海采矿、油气开发、海洋科学实验乃至提高海底打捞、水下维修作业、海上搜救能力等均具有深远的意义。

目前,水下作业工具系统的动力源主要有三种:电动、气动和液压。电动系统采用潜水电动机,作业深度不受限制、能耗较小,但是对电缆、电动机、开关及接头等的水密性、绝缘性有很高的要求,而且由于电动机的输出速度较高,需要在电动机与执行机构之间设置减速器,且电动机的功率密度小,使得工具体积、质量较大,较相应的液压工具重5~10倍,在水下使用不便。

　　气压传动采用压缩空气,且一般为开式的,空气做功后被直接排放到水中,产生大量气泡,因此,存在噪声大、操作人员的视线受气泡干扰等问题,气泡还会引起操作人员恶心、呕吐等身体不适症状。由于气动系统要平衡水深压力,随着深度增加,环境压力增加,使得气动系统的效率急剧下降,耗气率剧增,所以气动水下作业工具系统一般适用的作业深度在 30 m 以内。气动系统对密封也有很高的要求,一旦海水进入,将导致系统元件的腐蚀损坏,由此会增加维护和维修费用。

　　油压驱动具有输出力(力矩)大、功率密度高、控制灵活、调速方便、体积和质量小等优点。如果将液压动力站通过起吊装置沉入水下,则系统的作业深度将不受限制,但以矿物油作传动介质的作业系统存在设备复杂、体积和质量大,流动损失及平衡水深压力引起的功率损失大,密封要求高,泄漏会造成污染及元件腐蚀,水下更换作业工具、维护不方便等缺点。

　　基于海水液压动力源的水下作业工具系统,采用海水作液压传动介质,与油压驱动系统相比具有以下优点。

　　(1) 海水使用后可直接排放到海里,因此可以不用水箱和回水管,这将极大地简化系统、减小作业系统的体积和质量、增强作业的方便性和机动性,而且不存在因为海水侵入系统而降低液压设备工作可靠性和工作寿命的问题。

　　(2) 系统的泄漏不会对环境造成污染,不仅降低了使用和维护成本,也省去了工作介质的购买、运输、存储、废液处理等费用。

　　(3) 不存在水深压力的补偿问题,作业深度不受限制,且水的黏度很低,因此系统的功率损失较油压传动的大大降低,系统的效率高。

　　(4) 因为水的可压缩性低,海洋里的水温变化范围较小,水的黏度基本恒定,因此系统的工作性能稳定、控制精度高。

　　图 8-1 所示为海水液压水下作业工具系统原理图。

　　海水液压系统分为动力源和作业工具两部分。动力源中的海水液压泵提供一定流量和压力的海水,溢流阀调定泵的输出压力。作业工具分为往复式和旋转式两类:往复式作业工具(如钢缆切割器、软缆割刀、扭矩扳手等)由海水液压缸驱动;旋转型作业工具(如砂轮、冲击扳手、液压钻、钢丝刷等)由海水液压马达驱动。

　　系统的工作过程如下。潜水电动机 3 驱动海水液压泵 2,海水经过滤器 1 被泵直接从海洋中吸入,泵输出的高压水经过流量控制阀 10、快换接头 12 及二位三通手动换向阀 13.1 输入海水液压缸 15 中,液压缸驱动往复式作业工具,或经二位四通手动换向阀 13.2 送到海水液压马达 16,马达驱动旋转式作业工具。作业工具的切换通过快换接头 12 在水下完成。当停止水下作业时,为了减小能量损耗,液压泵通过卸荷阀 7 卸荷,执行元件 15、16 的回水直接排放到海洋。流量控制阀 10 可调节流量,以满足液压缸和液压马达的工作速度要求。

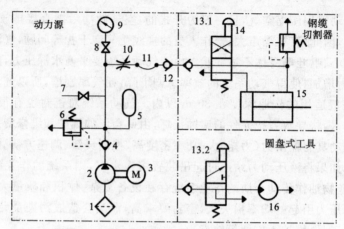

图 8-1　海水液压水下作业工具系统原理图

1—过滤器；2—海水液压泵；3—潜水电动机；4—单向阀；5—蓄能器；6—海水溢流阀；

7—卸荷阀；8—压力表开关；9—压力表；10—流量控制阀；11—软管；12—快换接头；

13.1、13.2—手动换向阀；14—安全阀；15—海水液压缸；16—海水液压马达

　　动力源可置于母船上，通过液压胶管将动力传输到作业工具，或安放在水下作业区，通过水下铠装电缆与工作母船的电源相连，也可以将动力源安装在深潜器或潜艇中，因此，海水液压作业工具系统的作业范围大，作业深度不受限制。海水液压作业系统动力源如图 8-2 所示。

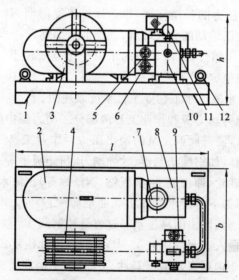

图 8-2　海水液压作业系统动力源

1—底座；2—潜水电动机；3—胶管卷扬机；4—胶管；5—溢流阀；6—流量阀；

7—过滤器；8—液压泵；9—旁通阀；10—阀块；11—压力表；12—吊耳

作业工具根据需要可选用打磨器、钢缆切割器、钢缆割刀、扭矩扳手、钻刀等，这些工具本身与油压工具相似，但必须采用耐蚀材料加工。

钢缆割刀的结构原理如图 8-3 所示，主要元件为一活塞式液压缸，通过活塞杆驱动动刀片完成切割过程。换向阀 1 用来控制活塞移动方向，通过扳机 13 来操作。当压下扳机 13 后，压力海水进入液压缸的无杆腔，有杆腔的海水排到外面，活塞推动动刀片 8 右移。松开扳机后，换向阀在弹簧力作用下，阀芯复位，压力海水进入有杆腔，动刀片 8 退回原位。

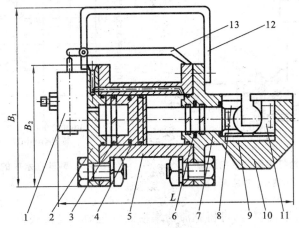

图 8-3　钢缆割刀的结构原理

1—换向阀；2、7—缸盖；3—导向环；4、6—密封件；5—缸体密封件；
8—动刀片；9—导轨；10—刀座；11—定刀片；12—把手；13—扳机

刀片材料选用高速工具钢，以满足强度、硬度、耐磨性和韧度的要求，每次使用后用清水清洗干净，再涂上润滑脂。为了减小工具质量，提高工具的可操纵性和使用灵活性，除了对结构进行优化和按照人机工程方法设计外，工具中的大部分材料应选用轻质耐蚀合金，如缸筒用铝合金 LD5 材料。

图 8-4 所示为砂轮打磨器的结构原理。砂轮打磨器主要由液压马达及方向控制阀组成。压下手动扳机使换向阀 4 换向，高压海水进入液压马达 2，驱动马达转动，带动砂轮 3。松开扳机后，换向阀复位，系统卸荷，马达停转。如果将砂轮换为钢丝刷或尼龙刷，可用来清刷物体表面的锈蚀或沉积的污物。

水下作业时，工具的高速回转会受到海水的黏滞阻力影响，因此，确定马达的功率时除了要计算切削力外，还要准确计算海水阻力大小。例如，直径为 200 mm 的砂轮如果在水中以 2 700 r/min 的转速空载旋转，需要输入的功率约为 3.95 kW，而以同样转速切割时，需要功率为 5.22 kW，可见，一半以上的功率消耗于黏滞阻力。

　　根据牛顿黏性摩擦定理,黏滞阻力与打磨器的直径尺寸及转速有关,可根据实验数据推算。图 8-5 所示为美国政府 AD 报告(编号 A142032)中介绍的 Scotch Brite® Pad 清刷/打磨器的功率损失图。

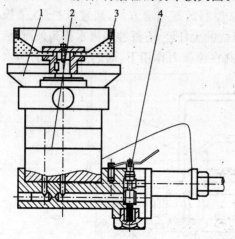

图 8-4　砂轮打磨器的结构原理

1—护罩;2—液压马达;3—砂轮;4—换向阀

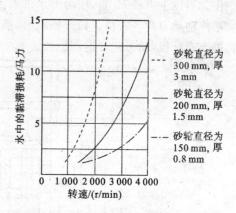

图 8-5　砂轮在水中的黏滞功率损失

　　对曲线进行数值拟合,可得黏滞功率损失的近似计算公式为

$$W = 2.34 \times 10^{-15} n^{2.42} d^{3.14} (\text{kW})$$

式中:n——圆盘转速,r/min;

　　　d——圆盘直径,mm。

　　AD-A142032 报告指出,对于打磨作业,高速工作并不比低速时更有效。设计时,应综合考虑黏滞损失、清刷/打磨作业面积、工具整体尺寸等因素,确定清刷/打磨器直径及转速。

8.2　基于水液压传动技术的固定式船用高压单相细水雾灭火系统

　　寻求更安全有效的灭火技术一直是消防科学研究的重要课题。1987 年,联合国《蒙特利尔议定书》要求各国在本世纪初逐步淘汰哈龙灭火剂,此后,细水雾灭火技术成为许多西方发达国家重点研究的哈龙替代技术,并陆续推出各自的细水雾灭火系统,不断扩大其应用范围。

　　按照美国消防协会(NFPA)1996 年制定的关于细水雾灭火系统的设计规范,细水雾定义为在系统最低工作压力下,距喷嘴出口 1 m 处的横截面上,体积比占总流量 99% 的液体微滴的粒径不大于 1 000 μm。根据雾化压力不同,细水雾灭火系统分为低中压(0.7～3.45 MPa)系统和高压(>3.45 MPa)系统。高压细水雾系统的雾滴粒径一般要求 Dv0.9≤200 μm。

细水雾灭火技术,特别是高压单相细水雾灭火技术的优越性表现在以下几个方面。

(1)灭火机理先进,综合了细水雾对火焰和燃烧表面的冷却、汽化吸热、隔氧、阻隔热辐射等多种灭火机理,灭火效率高。

(2)绿色环保,灭火介质取用天然海水或淡水,用水量仅为水喷淋系统的十分之一。

(3)适用范围广,可用于 A 类固体火灾、B 类液体火灾、C 类气体火灾和电气火灾的抑制和灭火。

(4)对现场人员危害小,这是区别于一般气体灭火剂的突出优点。

(5)对被保护设备的二次损害小。

(6)高压单相细水雾灭火系统构成简单,要求的储水量少,结构紧凑,安装及维护容易。

近年来,细水雾灭火系统的应用领域日趋扩大,从最初主要取代舰船上的哈龙灭火系统,逐渐扩展到大型变压器装置、汽轮机室、内燃机室、计算机房、图书馆和档案室、电信交换机室、电子设备、航空与航天设备、高层建筑、油料储藏库甚至厨房灭火等领域。

目前,常用的雾化驱动方式有两种:压缩气体和高压水泵。前者为两相流模式,由于需要配置压缩气体钢瓶及相关控制装置,且需要并行气、水两条输送管,结构复杂,安装维护成本高,受压缩气体压力的影响,持续灭火时间受到限制。后者由水液压泵提供一定压力的水,用水液压阀调控压力及流量,系统构成简单,维护和使用成本低,可维持较长的灭火时间。

图 8-6 为船用固定式高压单相细水雾灭火系统原理图。系统主要由火灾检测与报警系统、泵组单元、细水雾释放控制系统、细水雾喷头、管道系统等组成。根据不同用途,可组成单元独立系统、组合分配系统和细水雾封堵分隔系统,实施对单区和多区的消防保护。

整个系统的工作原理为:当被保护区内出现火灾时,烟火探测传感器获得信号,经前置放大器放大后送到控制柜,控制器收到火灾信号后,发出信号触动报警器,发出报警信号,并同时使电动机启动、电磁换向阀开启;高压水泵输出的高压水通过电磁/手动换向阀向着火区处的喷头供水,喷头便产生水雾进行灭火;高压水雾喷头消耗的流量小,泵输出的多余流量经溢流阀溢流回水箱;安全阀用来限制水压系统最高压力,对系统进行过载保护。

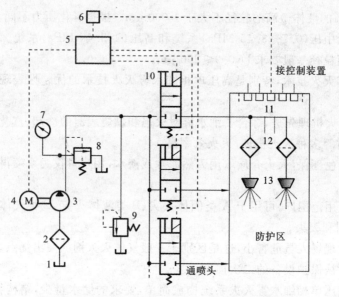

图 8-6　船用固定式高压单相细水雾灭火系统原理图

1—水箱；2—吸水过滤器；3—水液压泵；4—电动机；5—控制柜；6—报警器；7—压力表；
8—溢流阀；9—安全阀；10—分区阀；11—火灾探测器；12—喷头过滤器；13—喷头

船用固定式高压单相细水雾灭火系统的应用对象包括舰船及民用船舶，主要应用于船舶主机有失火危险的部位、柴油发电机组有失火危险的部位、锅炉和焚烧炉的燃烧器、加热燃油的净化设备、其他易失火的燃油设备、船上的卧室、餐厅等。

8.3　食品机械中的水液压传动系统

食品生产机械要求清洁卫生，加工过程中不能对产品造成污染。油压传动由于难以避免系统或元件的泄漏，所以很少在食品加工机械中使用，通常采用气压或电力传动系统。但气动系统在使用过程中存在噪声大、输出功率低、效率低及控制精度差等缺点，电力传动系统的"三防"要求较高，因此，通常将电动机远离加工作业区安装，这就需要增加中间机械传动装置，造成设备繁杂、维护不便、可靠性差。

若采用水液压系统，即使系统发生泄漏也不会影响食品的质量，系统及元件冲洗方便，运转中产生的热量可通过水散掉，而且水液压传动功率密度大、结构紧凑、控制性好，所以基于水液压传动的食品机械在食品加工行业有非常广泛的应用前景，目前，国外已在奶酪机、牛奶及饮料的无菌罐装、贝类加工中的净化调湿及水冷、牲畜屠宰场、磨面机、汉堡包机等机械中采用水液压传动。图 8-7 为水液压驱动的切肉机系统原理图。马达为轴向柱塞式水液压马达，轻便紧凑，排量为 10

mL/r,转速为 3 000 r/min,工作压力为 8 MPa,流量为 28 L/min,输出扭矩为 12 N·m,功率为 3.4 kW,容积效率为 95%,系统总效率接近 90%,噪声小于 75 dB(A)。

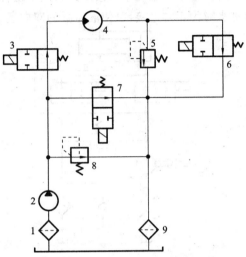

图 8-7　水液压驱动的切肉机系统原理图

1、9—过滤器;2—水液压泵;3、6、7—电磁换向阀;4—水液压马达;5—背压阀;8—溢流阀

　　以往采用的气动马达驱动的切肉机,功率为 3.4 kW,转速为 4 500 r/min,噪声为 90 dB(A),压力为 0.7 MPa,最大功率输出时的耗气量为 58 L/s,空载时耗气量为 12 L/min,使用过程中马达上会出现结冰现象,不利于手持操作。而使用水液压系统的切肉机与原气动系统相比,效率明显提高,能耗仅为原气动系统的五十分之一左右,切肉机刀具的使用寿命提高,由此降低了刀具更换和维护费用,具体费用比较参见表 8-1。

表 8-1　水液压切肉机与气压驱动切肉机年使用费用比较　　（单位:美元）

驱 动 方 式	能　　耗	更 换 锯 片	刀 具 维 护	综 合 成 本
气压传动	4 300	1 160	5 700	11 160
水压传动	820	580	1 900	3 300

8.4　水液压驱动的污泥泵系统

　　在自来水厂的水处理过程中,需要使用污泥泵将水中的污泥送到压力式过滤装置,以分离其中的水。以往使用的泵为阀配流三柱塞泵,使用时间长了,活塞密封件的磨损将不可避免地导致泵中润滑油向水中渗漏,造成自来水的污染,直接影响自来水厂的正常生产。

　　采用如图 8-8 所示的水液压系统代替原油压系统后彻底解决了上述问题,使自来水的生产过程更安全、卫生。系统中水液压缸采用单出杆双作用式,左边进水时为差动连接,右边进水时为正常连接,以使液压缸的双向运动速度相等。

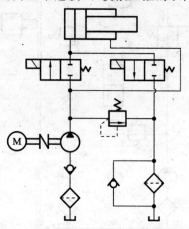

图 8-8　水液压驱动的污泥处理系统原理图

8.5　水液压驱动在感光胶卷生产线上的应用

　　感光胶卷生产过程中需要对重量达 3 600 kg 的盛装化学处理液的容器进行举升和倾倒作业,但化学处理液不能混入液压油,即使掺进一滴油也将造成全部溶液的污染废弃,因此不能采用油压传动。采用水液压传动则不存在泄漏污染问题。水液压驱动的感光液容器倾倒系统如图 8-9 所示。

图 8-9　水液压驱动的感光液容器倾倒系统

参 考 文 献

[1] Wolfgang Water-or-oil hydraulics in the future. Proceedings of 6th Scandinavian International Conference on Fluid Power, Tampere, Finland.

[2] HITTCHCOX A L. Water hydraulics continues steady growth[J]. Hydraulics & Pneumatics, Dec. 1999.

[3] Simon Usher. Water hydraulics for Robotics. The Industrial Robot. vol. 23(4).

[4] FONTANA M G, GREENE N D. Corrosion engineering[J]. McGraw-Hill Book Company, New York, 1967.

[5] 吉灘裕, 佐々木宏. 海水. 油圧と空気圧, 平成 4 年 11 月, v23(7):740-746.

[6] 山口惇. 水道水. 油圧と空气气, 平成 4 年 11 月, v23(7):38-43.

[7] MURRAY C J. Water makes a comeback[J]. Design News, 95, (4): 81-86.

[8] LI Z Y, YU Z Y, HE X F, et al. The development and perspective of water hydraulics (keynote lecture)[C]. The 4th JHPS International Symposium on Fluid Power, Tokyo, Nov. 15-17, 1999:335-342.

[9] 杨华勇, 周华. 水液压传动技术的若干关键问题[J]. 机械工程学报, 2002, 38 卷(增刊).

[10] Erik Trostmann. Water hydraulics control technology[J]. Technical University of Denmark, Lyngby, Denmark.

[11] 大道武生, 田中昭夫. 水の特性を考慮した水圧サーボシステムの開発. 日本機械学会論文集. (C編). vol62(599):96-103.

[12] BLACK S A, KUEHLER W D. The development of a seawater hydraulic vane motor[C]. Proceedings of the 37th National Conference on Fluid Power, 1981, Oct.: 111-118.

[13] John Sedriks. Corrosion of stainless steels[J]. John Wiley and Sons. New York, 1979.

[14] 温诗铸, 黄平. 摩擦学原理[M]. 北京: 清华大学出版社, 2002.

[15] Bharat Bhushan. Introduction to Tribology.

[16] 郑林庆. 摩擦学原理[M]. 北京: 高等教育出版社, 1994.

[17] 朱相荣, 王相润. 金属材料的海洋腐蚀与防护[M]. 北京: 国防工业出版社, 1999.

[18] 候保荣. 海洋腐蚀环境理论及其应用[M]. 北京: 科学出版社, 1999.

[19] 朱祖芳. 有色金属的耐腐蚀性及其应用[M]. 北京: 化学工业出版社, 1995.

[20] SCHUMACHER M. Seawater corrosion handbook[M]. 李大超, 译. 北京: 国防工业出版社, 1985.

[21] JASKE C E. Corrosion fatigue of metal in marine environment[M]. 吴萌顺, 译. 北京: 冶金工业出版社, 1989.

[22] 焦素娟, 李家鑫, 杨俭, 等. 不锈钢作为水压元件材料的盐雾实验研究[J]. 液压与气动,

2002(2):11-13.

[23]　BHUSHAN B,GRAY S. Materials study for high pressure seawater hydraulic tool motor [J]. AD-A055609/2G1,April,1978.

[24]　SMITH W J. Design and field problems with valve components on water systems[J]. American National Conference on Fluid Power, 1975:109-114.

[25]　池田玉治,西村正. 超高压海水ポンプの開発. 油圧と空気圧. 1984,v15(6):1-6.

[26]　周华. 海水液压泵基础理论的研究[D]. 武汉:华中科技大学,1997.

[27]　王东. 海水液压柱塞泵关键技术及其样机的研究[D]. 武汉:华中科技大学,2002.

[28]　Erik Trostmann, Peter Mada Clausen. Hydraulic components using tap water as pressure medium[C]. Proceedings of 4th Scandinavian International Conference on Fluid Power, Tempere, Finland, Sep. 26-29, 1995:942-954.

[29]　BROOKES C A,FANGAN M J. The development of water hydraulic pumps using advanced engineering ceramics[C]. Proc. of 4th Scandinavian International Conference of Fluid Power. Finland, 1995:965-977.

[30]　MARR I M. The development of hydraulic systems to operate with raw water[C]. Proceedings of the 39th National Conference on Fluid Power,1983:258-265.

[31]　吉灘裕,佐々木宏. 海水圧駆動マニピュレータについて. 油圧と空気圧. 1991,v22(6): 48-55.

[32]　KITAGAWA A. Cooperation between university and water hydraulic company in Japan [C]. Proceedings of 6th Scandinavian Int. Conf. On Fluid Power, Finland, May 26-28, 1999:25-50.

[33]　TERAOKA S, INOUE K,ITO T. Development of a water hydraulic pump using a novel mechanism[C]. Proceedings of JHPS Spring Meeting, 1998:79-81.

[34]　TERäVä J, KUIKKO T. Development of seawater hydraulic power pack[C]. Procedings of 4th Scandinavian International Conference on Fluid Power, Finland1995:978-991.

[35]　金国珍. 工程塑料[M]. 北京:化学工业出版社, 2001.

[36]　凌绳,王秀芬,吴友平. 聚合物材料[M]. 北京:中国轻工业出版社,2000.

[37]　徐佩弦. 塑料件的设计[M]. 北京:中国轻工业出版社, 2001.

[38]　BHUSHAN B, GRAY S. Investigation of material combinations under high load and speed in synthetic seawater[J]. Lubrication Engineering, 1979,v35(11):628-639.

[39]　RöMö J, Hyvönen. Wear resistance of materials in water hydraulics[C]. Proc. of 6th Scandinavian International Conference on Fluid Power, Finland,1999:169-178.

[40]　XIONG D S,GE S. Friction and wear properties of UHMWPE/Al$_2$O$_3$ ceramic under different lubricating conditions[J]. Wear,2001(250):242-245.

[41]　MENS J W M, A. W. J. de Gee. Friction and wear behavior of 18 polymers in contact with steel in environment of air and water[J]. Wear 1991, (149):255-268.

[42]　藤田光広,広中清一郎. ガラス繊維強化ナイロンのアルミナセラミクスに対するトライボロジー特性(第1報). トライボロジスト,1995; Vol40(11):68-74.

[43] J. Paulo Davim, Nuno Marques, A. Monteiro Baptista. Effect of carbon fibre reinforce-
      ment in the frictional behavior of peek in a water lubricated environment[J]. Wear, 2001
      (251):1100-1104.

[44] LI K Y, HOOKE C J. A note on the lubrication of composite slippers in water-based axi-
      al piston pumps and motors[J]. Wear, 1991. P431-437.

[45] ZHANG S W. State-of-the-art of polymer tribology[J]. Tribology International. 1998
      (1), v31(1-3):49-60.

[46] 李剑锋,丁传贤.水润滑下等离子喷涂 Cr_3C_2-NiCr 涂层/增韧 SiC 陶瓷摩擦副的摩擦学特
      性[J].摩擦学学报,2001(2):90-93.

[47] ANDERSON P. Wear characteristics of water-lubricated SiC journal bearings in intermit-
      tent motion[J]. Wear,1994(179):37-47.

[48] 木村芳一,长田憲幸,佐々勝美.低粘度液潤滑下におけるセラミクス製スパイラルグル
      ーブスラスト軸受の特性.トライボロジスト,1989,Vo34(10):39-45.

[49] Lancaster J K. A review of the influence of environmental humidity and water on friction,
      lubrication and wear[J]. Tribology International, 1990(6):371-387.

[50] 吉田彰,藤井正浩.水潤滑セラミクススラスト軸受のトライボロジ特性.日本機械学会
      論文集(C編),V62,N599:282-287.

[51] 吉田彰,藤井正浩,長森啓二等.ピンオンディスクおよびジーナルすべり軸受試験によ
      るファインセラミクスの摩擦・摩耗特性(第 2).トライボロジスト,1993,V38,N10:
      43-50.

[52] Erickson L C, Hawthorne H M. Correlations between microstructural parameters,micro-
      mechanical properties and wear resistance of plasma sprayed ceramic coatings[J]. Wear
      2001(250): 569-575.

[53] 崗田庸敬.セラミクス材料のキャビテーシヨン壊食.トライボロジスト,1996,Vo41
      (8):13-18.

[54] Chen M, Kato Koji. Friction and wear of self-mated SiC and Si_3N_4 sliding in water[J].
      Wear, 2001(250):246-255.

[55] ravikiran, Pramila Bai B N. Water-lubricated sliding of Al_2O_3 against steel[J]. Wear,
      1993(171):33-39.

[56] Tucci,Esposito L. Microstructure and tribological properties of ZrO_2 ceramics[J]. Wear,
      1994(172):111-118.

[57] GAHR K H Z. Sliding wear of ceramic-ceramic,ceramic-steel and steel-steel pairs in lu-
      bricated and unlubricated contact[J]. Wear, 1989(133):1-22.

[58] Erickson L C,Blomberg A. Tribological characterization of alumina and silicon carbide
      under lubricated sliding[J]. Tribology International,V26,N2.

[59] 藤井正浩,吉田彰.水潤滑セラミクススラスト軸受のトライボロジ-.トライボロジス
      ト.V42,N8:13-18.

[60] 刘惠文,薛群基.氧化锆陶瓷的摩擦磨损行为与机理[J].摩擦学学报,1996,v16(1):6-13.

[61] 刘惠文,薛群基.TZP 陶瓷在水润滑下的磨损机制转变图[J].摩擦学学报,1998,v18(1):

6-13.

[62] 余歆尤,张启浩.水润滑陶瓷轴承的实验研究[J].润滑与密封,1997(3):49-51.

[63] 石橋進,山下一彦.しゅう動部品用セラミクス.トライボロジスト.V36,N2:64-67.

[64] 尹衍升,张景德.氧化铝陶瓷及其复合材料[M].北京:化学工业出版社.2001.

[65] 金元生,夏为民,程华.等离子喷涂陶瓷涂层摩擦学特性的实验[J].清华大学学报,1992,Vol32(5):17-25.

[66] 邓世均.热喷涂高性能陶瓷涂层[J].材料保护,1999,V32(1):31-34.

[67] FRANCIS E K,BEDA M E,SUSANNE M P. Thermo- cracking and wear of ceramic-coated face seals for water applications[J]. Lubrication Engineering, v46(10):663-671.

[68] FREDERICK J T. Seawater-lubricated mechanical seals and bearings:Associated Materials Problems[J]. Lubrication Engineering, 1983(5):292-299.

[69] Eugene Medvedovski. Wear resistant engineering ceramics [J]. Wear, 2001 (249):821-828.

[70] 高濂,李蔚.纳米陶瓷[M].北京:化学工业出版社,2002.

[71] 徐滨士,刘世参.表面工程新技术[M].北京:国防工业出版社,2002.

[72] 林福严,曲敬信,陈华辉.磨损理论与抗磨技术[M].北京:科学出版社,1993.

[73] 唐群国,李壮云,张铁华.工程陶瓷在水压元件中的应用与研究[J].中国机械工程,2003,Vol.14(8):717-720.

[74] 唐群国,李壮云,张铁华,等.水润滑下几种工程塑料的磨损特性实验研究[J].润滑与密封,2003,No.4.

[75] 唐群国,余祖耀,贺小峰,等.离子喷涂陶瓷水压元件磨损特性的实验研究[J].机械科学与技术,2003,Vol.22(6).

[76] 唐群国,姜静,朱玉泉.聚醚醚酮在水润滑下的摩擦特性[J].华中科技大学学报(自然科学版),2005,(9).

[77] 王庆丰.浙江大学流体传动及控制国家重点实验室部分研究成果[J].液压气动与密封,2004,No.1.

[78] 杨华勇,弓勇军,周华.水液压控制阀研究进展[J].中国机械工程,Vol15,No15,2004.

[79] 吴双成.中高压海水液压泵配流阀的理论与实验研究.武汉:华中科技大学硕士学位论文,2001.

[80] 朱碧海.武汉:华中科技大学博士学位论文,2002.

[81] ELLIOT D M, FISHER J, CLARK D T. Effect of counterface surface roughness and its evolution on the wear and friction on PEEK and PEEK-bonded Carbon fiber composites on stainless steel[J]. Wear,1998,V217:288-296.

[82] LANCASTER J K,MASHAL Y A-H,ATKINS A G. The role of water in the wear of ceramics,Conference Paper,J. Phys. D:Appl. Phys. 25,1992:A205-A211.

[83] 托肯顿 H R.海下作业系统[M].黄孟南,崔占迎,译.北京:海洋出版社,1984.

[84] 哈克曼 D J,D. W 考戴.水下工具[M].吴晶,译.北京:海洋出版社,1986.

[85] Medvick R. Water hydraulics powers sensitive application[J]. Hydraulics & Pneumatics,Aug. 1999.